高等学校教材(非机械类专业)

工 程 制 图

(第二版)

主　编　陈　敏
副主编　周国刚

重庆大学出版社

内 容 提 要

本书根据教育部最新颁布的高等学校本科"工程制图基础课程教学基本要求",结合教学的具体情况编写而成,全书共 10 章。主要内容包括制图的基础知识,点、直线和平面的投影,立体的投影,组合体,表示机件的各种方法,标准件和常用件,零件图,装配图,其他工程图样以及 AutoCAD 2004 简介。

本书主要作为高等院校理工科类平台课(30~50 学时)工程制图课程的教材,也可作为其他学校学时数相近各专业的教材或教学参考书。本书配套有《工程制图习题集》,与本书同时出版。

图书在版编目(CIP)数据

工程制图/陈敏主编 . —2 版. —重庆:重庆大学出
版社,2006.8(2019.6 重印)
ISBN 978-7-5624-3575-4

Ⅰ. 工… Ⅱ. 陈… Ⅲ. 工程制图—高等学校—教
材 Ⅳ. TB23

中国版本图书馆 CIP 数据核字(2006)第 095177 号

工 程 制 图

(第二版)

主 编 陈 敏
副主编 周国刚

责任编辑:高鸿宽 彭 宁 版式设计:彭 宁
责任校对:谢 芳 责任印制:张 策

*

重庆大学出版社出版发行
出版人:饶帮华
社址:重庆市沙坪坝区大学城西路 21 号
邮编:401331
电话:(023) 88617190 88617185(中小学)
传真:(023) 88617186 88617166
网址:http://www.cqup.com.cn
邮箱:fxk@ cqup.com.cn (营销中心)
全国新华书店经销
重庆巍承印务有限公司印刷

*

开本:787mm×1092mm 1/16 印张:9.75 字数:243 千
2006 年 2 月第 1 版 2006 年 8 月第 2 版 2019 年 6 月第 9 次印刷
印数:18 601—19 600
ISBN 978-7-5624-3575-4 定价:22.00 元

第二版前言

由于社会的发展和科学技术的进步,社会对人才培养的要求也在发生较大的变化,为了适应这种变化,如何拓宽学生的知识面,提高学生的综合素质,是教学改革要重点解决的问题。

"工程制图"学科的知识在机械、电子、建筑等很多国民经济重要领域都有广泛的应用,也是一门工科、应用理科和管理学科等非机械类各专业开设的工程基础课,是培养学生空间想象能力和一般工程图样的看图和绘图能力的主要课程。本书是按照目前普通高等教育发展和教学改革的需要,按少学时(30~50学时)的要求编写的。根据多年的教学改革实践和经验,在本书的编写过程中,考虑到开设"工程制图"的专业较多和各专业对本课程教学要求的差异,借鉴其他院校的经验,对原来非机械类专业(50~70学时)"工程制图"的教学内容进行了适当的精简和压缩,并增加了部分内容,如建筑制图基础,以提高教材对不同专业的适应性,使教师在教学时,可根据具体专业的需要对教学内容进行一定的调整。

在编写过程中,采用了新的机械制图国家标准,注意了《工程制图》基本知识的系统性,又考虑了非机械类专业的差异。在培养学生掌握《工程制图》基本理论知识的同时,注意对学生空间投影、画图、看图基本技能和基本工程素质的培养。考虑到计算机辅助绘图技术的发展和日益普及,在本书的最后一章,介绍了以《AutoCAD 2004》软件为基础的计算机辅助绘图基本知识,为学生初步了解和今后学习计算机辅助绘图打下良好的基础。

为了便于学生学习和掌握所学内容,编有《工程制图习题集》与本书配套使用。

本书由陈敏主编,周国刚任副主编。参编人员有王东、兰芳、徐绍华、刘郁葱等。

由于编者水平所限,书中不足和错误之处在所难免,恳请各位读者批评指正,以便进一步完善。

编　者
2006 年 7 月

目录

绪　论

0.1　本课程的任务和主要内容

工程图样与我们的语言、文字一样,是工程技术人员用来表达和交流设计思想的工具。在工业生产中,工程图样是一种重要的技术资料,是产品制造和检验的依据。

工程图样是随着工业化大生产的出现而逐步完善和规范起来的。一般说来,工程图样是在图纸上,按照一定的制图规范,对难以用文字描述清楚的设计对象,例如,建筑物、机械装置或机械零件等的大小、形状、结构、相对位置等要素进行形象表达的图样。

随着计算机和计算机软件技术的发展,为我们的图纸设计、修改和储存提供了更为方便快捷的手段,使我们在绘制图纸的基础上,还可以进行许多设计计算工作。这就是计算机辅助制图(Computer Aided Drawing)和计算机辅助设计(Computer Aided Design)技术。

本课程是一门既有系统理论又有较强实践性的技术基础课,它研究用投影的理论和方法绘制和阅读工程图样,按国家标准的要求正确地绘制图样。它主要培养学生运用各种作图手段和表示方法来构思、分析和表达工程问题的能力,这种能力是作为工程技术人员所必需的。

本课程的任务是:

①学习正投影法的基本理论,为绘制和应用各种工程图样打下良好的理论基础。

②培养绘制和阅读一般常见工程图样的基本能力。

③培养简单的空间几何问题的图解能力。

④培养自觉遵守国家标准的意识,初步建立标准化的概念。

⑤培养耐心细致的工作作风和严肃认真的工作态度。

本课程的主要内容包括画法几何、制图基础、机械制图及其他工程图样4部分。画法几何部分:主要研究用正投影法图示空间形体的基本理论和方法。制图基础部分:介绍正确的制图方法和国家标准中有关制图的基本规定,培养绘图的操作技能。机械制图部分:介绍绘制和阅读工程图样的方法及规定。

0.2　本课程的学习方法

本课程是一门理论性、实践性很强的课程,因此,在学习中要注意以下几点:

（1）**重视正投影理论的学习,培养空间想象能力**

正投影是绘图和看图的基础,在学习正投影的理论时,要注意把投影分析与空间想象紧密结合起来,也就是将三维形体的形状与二维平面图形之间的关系结合起来,多看、多想、多用,达到提高空间想象能力的目的。

（2）**重视实践,提高绘图和看图的能力**

空间想象能力、空间分析能力以及画图和看图能力,只能在实践中培养和提高。因此,在学习中要认真、独立地完成一定的作业和绘图的工作量。

（3）**培养严谨、细致的工作作风**

图样是加工和制造的依据,图样上的小差错都会给生产带来一定的影响和损失。因此,在学习中,要培养认真负责的工作态度和严谨细致的工作作风。

第**1**章
制图的基本知识

正确地绘制和阅读工程图样,首先应对制图的基本规定与基本方法有所了解。它包括国家标准《技术制图》、《机械制图》的基本规定,几何图形的作图方法、绘图工具的正确使用等。下面分别进行介绍。

1.1 制图国家标准的有关规定

国家标准《技术制图》是一项制图的基础技术标准,它涉及各行各业在制图中都应遵守的统一规范。国家标准《机械制图》是一项机械专业的制图标准,其内容更具专业性。

本节摘要介绍最新的《技术制图》、《机械制图》标准中,图幅和格式、比例、字体、图线及尺寸标注法等基本规定。国家标准,简称国标,代号"GB",斜线后的字母为标准类型,其后的数字为标准顺序和标准发布的年份。如 GB/T 14689—1993 为国家推荐性标准,"14689"为标准的批准顺序号,"1993"为该标准发表的年份。

1.1.1 图纸幅面和格式(GB/T 14689—1993)

1)绘制图样时,应优先采用基本幅面,其代号、尺寸见表 1.1。其中,A0 号幅面最大,A4 号幅面最小。

表 1.1 幅面尺寸

幅面代号	A0	A1	A2	A3	A4
$B \times L$	841 × 1 189	594 × 841	420 × 594	297 × 420	210 × 297

当基本幅面不能满足视图的布置时,可使用加长幅面。其幅面大小在《技术制图》中均有规定。需要时,可查阅 GB/T 14689—1993。

2)画图时先定出图纸幅面,并用粗实线画出图框,称为图框线。图框有留装订边和不留装订边两种,其格式见表 1.2 和表 1.3。

表1.2　图纸留装订边格式

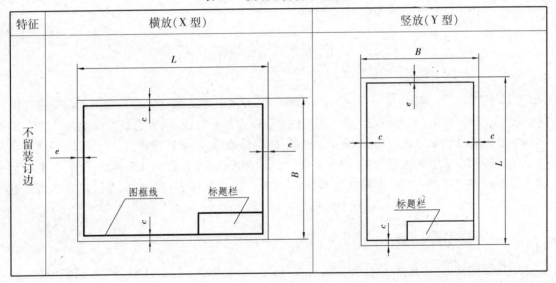

表1.3　图纸不留装订边格式

留装订边的图纸,其装订边的宽度为25 mm,其他三边宽度相同;不留装订边的图纸,四边宽度均相同,具体尺寸见表1.4。

表1.4　图纸边框尺寸

幅面代号	A0	A1	A2	A3	A4
$B \times L$	841×1 189	594×841	420×594	297×420	210×297
a	25				
c	10		5		
e	20		10		

3)图纸可以横放(X 型),也可以竖放(Y 型)。但每张图纸均要有标题栏,通常标题栏置于图纸的右下角,与看图的方向保持一致。

GB/T 10609.1—1998 对标题栏的格式和尺寸均做了规定,如图 1.1 所示。学生学习时建议采用图 1.2 所示的格式。

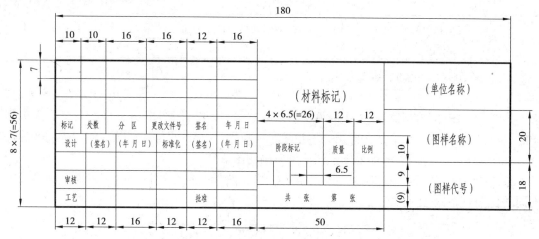

图 1.1 标题栏格式

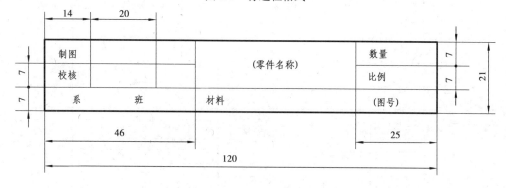

图 1.2 简化标题栏

1.1.2 比例(GB/T 14690—1993)

(1)比例
比例是指图形与实物相应要素的线性尺寸之比,即图距:实距 = 比例尺。
(2)比例的 3 种类型
1)原值比例 图形尺寸与实物一样,比例为 1:1。
2)放大比例 图形尺寸大于实物尺寸,如比例为 2:1,即图形线性尺寸是实物线性尺寸的 2 倍。
3)缩小比例 图形尺寸小于实物尺寸,如比例为 1:2,即图形线性尺寸是实物线性尺寸的一半。

表1.5 比例

原值比例	1：1		
缩小比例	$(1：1.5)$ $1：2$ $(1：2.5)$ $(1：3)$ $(1：4)$ $1：5$ $(1：6)$ $1：1×10^n$ $(1：1.5×10^n)$ $1：2×10^n$ $(1：2.5×10^n)$ $(1：3×10^n)$ $(1：4×10^n)$ $1：5×10^n$		
放大比例	$2：1$ $(2.5：1)$ $(4：1)$ $5：1$ $(1×10^n)：1$ $2×10^n：1$ $(2.5×10^n)：1$ $(4×10^n)：1$ $5×10^n：1$		

注：n 为正整数,优先选用没有括弧的比例。

为了能从图样上得到实物大小的真实概念,应尽量用1：1画图。当机件不宜用1：1画图时,也可用缩小或放大的比例画出。不论缩小或放大,在标注尺寸时必须标注机件的实际尺寸。如图1.3所示为同一零件采用不同比例所画的图形。

绘制同一实物的各个视图应采用相同的比例,一般标注在标题栏中的比例项内。当采用不同的比例时,必须另行标注。

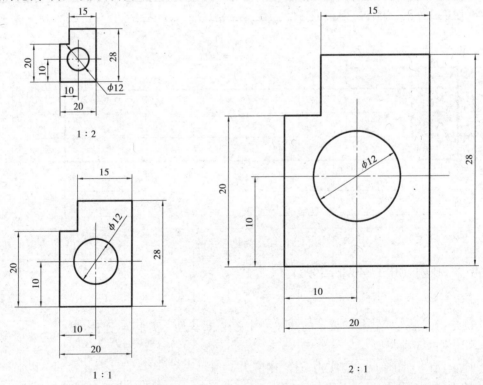

图1.3 用不同比例画出的零件图形

1.1.3 字体(GB/T 14691—1993)

在图样上除了表示机件形状的图形外,还要用文字、数字和字母来表示机件的大小和技术要求等。在图样上书写汉字、数字和字母时,应根据国标的规定正确书写。

（1）**字体的书写**

字体的书写必须做到:字体端正,笔画清楚,排列整齐,间隔均匀。

（2）**字体的字号**

字体的号数,即字体的高度。字体的高度 h 系列为 1.8,2.5,3.5,5,7,10,14,20 mm。

字体高度大于 20 mm 按 $\sqrt{2}$ 比率递增。汉字高度应不小于 3.5 mm,汉字的宽度 b 一般为 $h/\sqrt{2}$,即约等于字体高度 h 的 2/3。

（3）**字体**

字体分为直体和斜体两种,斜体字头向右倾斜,与水平线成 75°。

下面分别给出汉字、字母及数字的示例,如图 1.4 ~ 图 1.9 所示。

1）汉字

汉字采用长仿宋体,不分斜体或直体,并应采用国家正式公布的简化字。

汉字示例:

字体工整 笔画清楚 间隔均匀 排列整齐

横平竖直 注意起落 结构匀称 填满方格

技术制图机械电子轻工化工纺织服装汽车船舶航空土木建筑

图 1.4　长仿宋字体

2）字母

常用字母有拉丁字母和希腊字母。

①拉丁字母示例

②希腊字母示例

图 1.5　大写拉丁字母

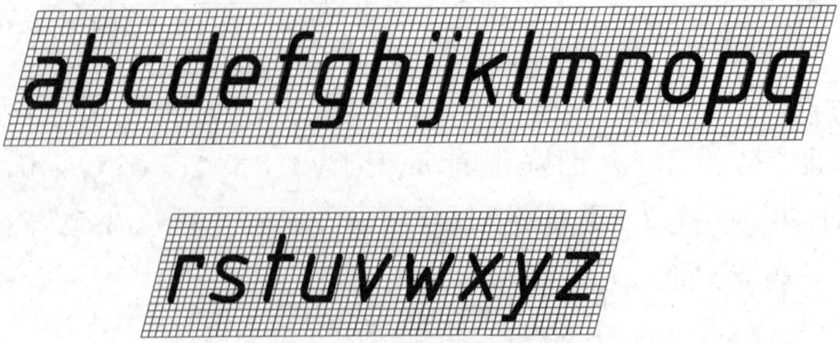

abcdefghijklmnopq

rstuvwxyz

图 1.6　小写拉丁字母

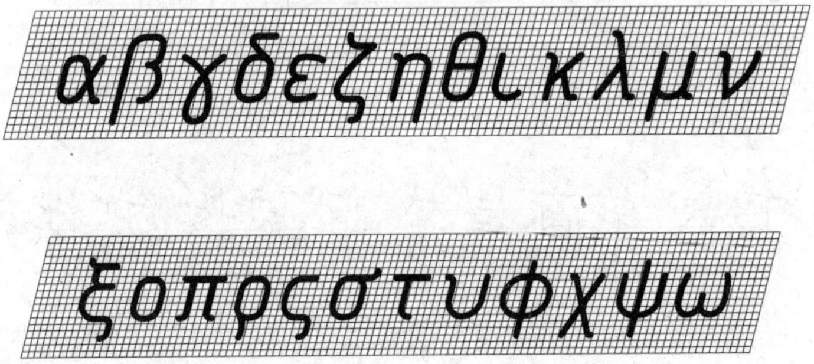

αβγδεζηθικλμν

ξοπρςστυφχψω

图 1.7　希腊字母

3）数字

常用的数字有阿拉伯数字和罗马数字。

①阿拉伯数字示例

图 1.8　阿拉伯数字

②罗马数字示例

图 1.9　罗马数字

1.1.4　图线及其画法（GB/T 4457.4—2002）

（1）基本线型

国标规定的基本线型共 9 种，表 1.6 列出了机械制图中常用的 8 种图线。其他用途可查阅国标。各种图线的应用示例如图 1.10 所示。

表1.6 机械制图常用图线

图线名称	图线形式	图线宽度	一般应用
粗实线	——————	b	可见轮廓线、相贯线、剖切符号用线
细实线	——————	$b/2$	过渡线、尺寸线及尺寸界限、指引线、剖面线、重合断面的轮廓线
波浪线	～～～～	$b/2$	断裂处边界线、局部剖视的分界线
双折线	—√—√—	$b/2$	断裂处边界线、局部剖视的分界线
细虚线	— — — —	$b/2$	不可见轮廓线
细点画线	—·—·—·—	$b/2$	轴线、对称中心线、分度圆(线)、孔系分布的中心线
粗点画线	—■—·—■—	b	限定范围表示线
细双点画线	—··—··—	$b/2$	相邻辅助零件的轮廓线 极限位置的轮廓线

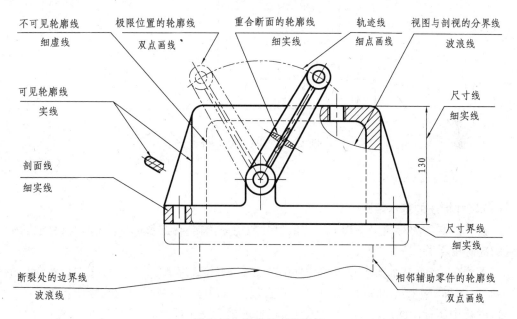

图1.10 图线的应用示例

(2)图线的宽度

表1.6中所列图线分粗、细两种,粗线的宽度为b,细线的宽度应为$b/2$。

线型组别为:

粗线:0.25,0.35,0.5,0.7,1,1.4,2 mm。

细线:0.13,0.18,0.25,0.35,0.5,0.7,1 mm。

优先选用粗线为0.5和0.7的组别。

（3）**图线画法注意事项**

1）同一张图样中,同类图线的宽度应一致。虚线、点画线及双点画线的线段长度和间隔应各自大致相等。

2）两条平行线(包括剖面线)之间的距离应不小于粗实线的 2 倍宽度,其最小间隙不得小于 0.7 mm。

3）点画线(或双点画线)的首末两端应是线段而不是点。点画线(或双点画线)相交时,其交点应为线段相交。点画线端部应超出轮廓线 2~5 mm。

4）在较小图形上画点画线或双点画线有困难时,可用细实线代替。

5）虚线与粗实线相交时,不应留有空隙。

6）当图中的线型重合时,其优先顺序为粗实线、虚线、点画线。

如图 1.11 所示为图线画法示例。

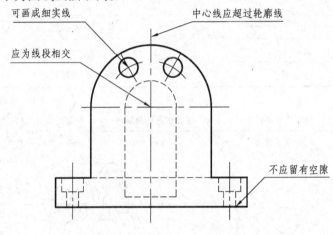

图 1.11   图线画法示例

1.1.5   **尺寸标注**(GB/T 4458.4—2003)

（1）**尺寸标注的基本规则**

1）机件的真实大小应以图样上所注的尺寸数值为依据,与图形的大小(即与绘图比例)和绘图的准确度无关。

2）图样中(包括技术要求和其他说明)的尺寸,以毫米为单位时,不需标注计量单位的代号"mm"或名称"毫米",如采用其他单位,则必须注明相应的计量单位的代号或名称。

3）图样中所标注的尺寸,为该图样所示机件的最后完工尺寸,否则应另加说明。

4）机件的每一尺寸,一般只标注一次,并应标注在反映该结构最清晰的图形上。

（2）**组成尺寸的三要素**

尺寸由**尺寸界线**、**尺寸线**和**尺寸数字**三要素组成。

1）尺寸界线

尺寸界线用来表示所注尺寸的界限,用细实线绘制。尺寸界线应由图形的轮廓线、轴线或对称中心线引出,也可利用轮廓线、轴线或中心线作为尺寸界线。

尺寸界线一般应与尺寸线垂直,必要时才允许倾斜,并应超出尺寸线 2~5 mm。

2）尺寸线

尺寸线用来表示尺寸的范围,即起点和终点。尺寸线用细实线绘制,不能用其他图线代替,一般也不能与其他图线重合或画在其延长线上,如图 1.13(a)所示。

线性尺寸的尺寸线必须与所标注的线段平行。尺寸线之间以及与轮廓线之间应保持适当距离,以便标注尺寸数字,如图 1.13(a)所示。

在机械制图中尺寸线的终端多采用箭头形式。当位置不够时也可采用圆点代替或斜线形式,如图 1.12 所示。

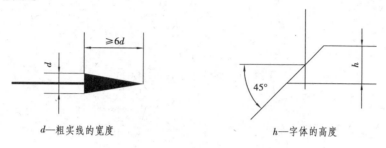

图 1.12　箭头和斜线的画法

3)尺寸数字

线性尺寸的数字一般应标注在尺寸线上方的中间处,也允许标注在尺寸线的中断处。尺寸数字不可被任何图线穿过,否则必须将图线断开,如图 1.13(b)所示。

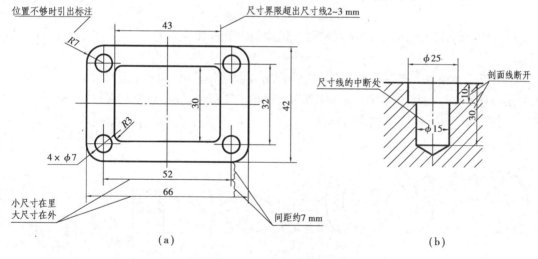

图 1.13　尺寸标注示例

线性尺寸数字的方向,一般应按如图 1.14(a)所示的方向注写,并尽量避免在如图 1.14 所示 30°范围内标注尺寸,当无法避免时可按如图 1.14(b)所示的形式引出标注。

(3)角度、直径、半径及小尺寸的标注

1)角度尺寸的标注

标注角度时,尺寸线应画成圆弧,其圆心是该角的顶点。尺寸界限应沿径向引出。角度的数字一律水平书写,一般标注在尺寸线的中断处,也可标注在尺寸线的上方或外面,如图 1.15 所示。

2)直径、半径及球面尺寸的标注

标注直径时,应在尺寸数字前加注符号"ϕ";标注半径时,应在尺寸数字前加注符号"R",一般对于小于或等于半径的圆弧标注半径,大于半径的圆弧标注直径,如图 1.16(a)所示。

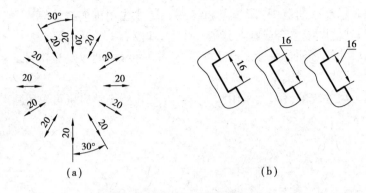

图 1.14　线性尺寸数字的标注

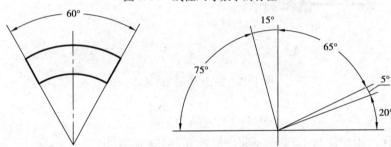

图 1.15　角度尺寸的标注

标注球面的直径或半径时,应在符号"φ"或"R"前再加注符号"S",如图 1.16(b)、(c)所示。

当圆弧的半径过大或在图纸范围内无法标出其圆心位置时,可按如图 1.16(c)所示的形式标注。对于螺钉、铆钉的头部,轴的端部以及手柄的端部等,在不致引起误解的情况下,可省略"S",按如图 1.16(d)所示的形式标注。

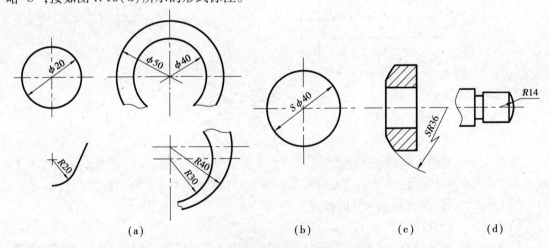

图 1.16　直径、半径及球面尺寸的标注

3)小尺寸的标注

当没有足够的位置画箭头或注写数字时,可布置在图形外面;在地方不够的情况下,尺寸线终端允许用小圆点或斜线代替箭头,如图 1.17 所示。

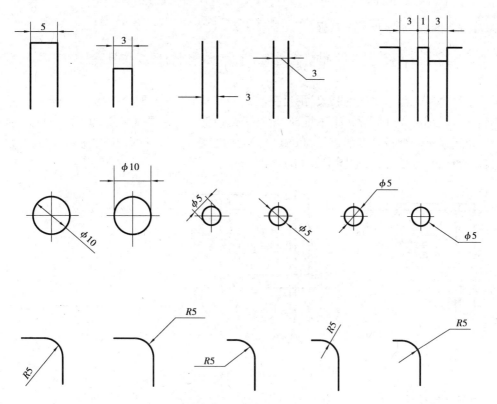

图 1.17　小尺寸的标注

(4)常用的尺寸注法符号和缩写词

常用的尺寸注法符号和缩写词见表 1.7。

表 1.7　尺寸符号和缩写词

名　　称	符号或缩写词	名　　称	符号或缩写词
直　　径	ϕ	45°倒角	C
半　　径	R	深　　度	⊤
球直径	$S\phi$	沉孔或锪平	⊔
球半径	SR	埋头孔	∨
厚　　度	t	均　　布	EQS
正方形	□	弧长	⌒

1.2　绘图工具及其使用方法

正确使用绘图工具和仪器,是保证绘图质量和提高绘图速度的有效方法。

13

1.2.1 图板、丁字尺及三角板

图板是图纸的垫板,要求板面光洁、边框平直。绘图时将图纸在图板上放正后,用胶带固定在图板上。

丁字尺是用来画水平线的长尺,由尺头和尺身组成,与图板配合使用。绘图时,应使尺头内侧始终紧贴图板左侧的导边上下推动,尺身工作边就可用于画水平线,如图1.18(a)所示。

三角板用来画各种角度的直线,45°,60°,30°的三角板与丁字尺、配合使用,可以方便地绘制出各种特殊角度的直线,如图1.18(b)、(c)所示。

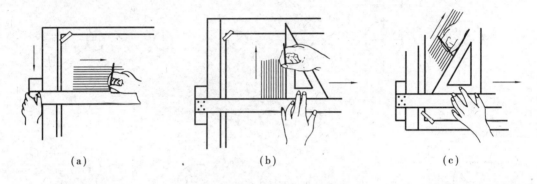

(a) (b) (c)

图1.18 丁字尺、三角板的使用方法

1.2.2 圆规与分规

圆规是用来画圆或圆弧的仪器。分规是用来量取或截取长度、等分线段等的仪器。其用法如图1.19所示。

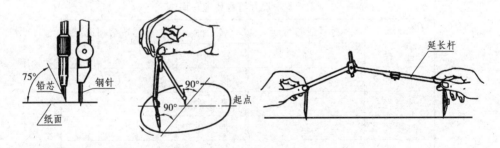

图1.19 圆规、分规的使用方法

1.2.3 绘图笔

绘图笔有铅笔、描图笔等。绘图时一般用铅笔,画底稿和画各种细线可用稍硬的铅笔,如H或2H,写字和画箭头可用HB的铅笔,加深粗实线可用B的铅笔。铅笔笔尖应削成圆锥形(H和HB)或扁铲形(B),如图1.20所示。

其他绘图工具还有曲线板、比例尺、直线笔等。

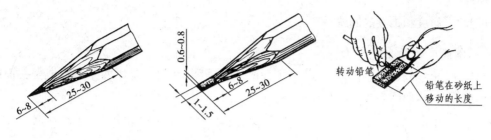

图 1.20　铅笔的削法

1.3　几何图形的画法

在制图中,经常会遇到各种几何图形的作图问题。下面介绍几种最基本的几何图形的作图方法,包括正六边形、斜度和锥度、圆弧连接、椭圆的画法等。

1.3.1　正六边形的画法

1)已知对角线长(即外接圆的直径 D),用丁字尺和三角板画正六边形,如图 1.21 所示。

2)已知对边距 S(即内切圆直径),画正六边形,如图 1.22 所示。

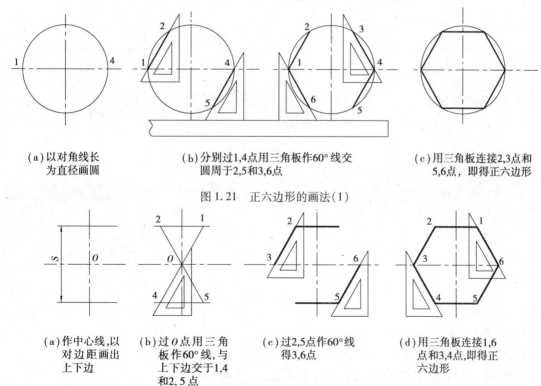

(a)以对角线长
为直径画圆

(b)分别过1,4点用三角板作60°线交
圆周于2,5和3,6点

(c)用三角板连接2,3点和
5,6点，即得正六边形

图 1.21　正六边形的画法(1)

(a)作中心线,以
对边距画出
上下边

(b)过 O 点用三角
板作60°线,与
上下边交于1,4
和2,5点

(c)过2,5点作60°线
得3,6点

(d)用三角板连接1,6
点和3,4点,即得正
六边形

图 1.22　正六边形的画法(2)

1.3.2 斜度和锥度的画法

(1)斜度

斜度是指直线或平面对另一直线或平面的倾斜程度,其大小是用两条直线或两平面间夹角的正切来表示,如图 1.23(a)所示。即

$$斜度= \tan \alpha = \frac{H}{L}$$

在图样上,是将该比例化成最简形式 $1:n$ 进行标注的,并在 $1:n$ 之前加注斜度符号"∠"。斜度符号的画法,如图 1.23(b)所示,符号方向应与所注斜度方向一致。

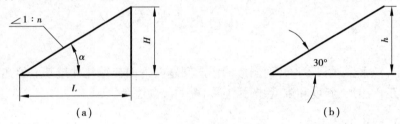

图 1.23 斜度及斜度符号的画法

如图 1.24 所示为过已知点 C 作斜度的方法。

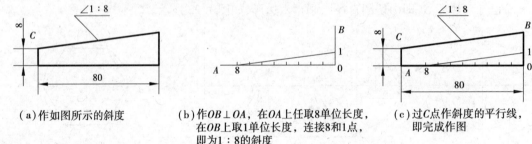

(a)作如图所示的斜度　　(b)作$OB \perp OA$,在OA上任取8单位长度, 　(c)过C点作斜度的平行线,
　　　　　　　　　　　在OB上取1单位长度,连接8和1点, 　　　即完成作图
　　　　　　　　　　　即为1∶8的斜度

图 1.24 斜度的画法及标注

(2)锥度

锥度是指正圆锥的底圆直径与其高度之比;对于圆台,其锥度应为底圆直径和顶圆直径之差与其高度之比,如图 1.25(a)所示。即

$$锥度 = \frac{D}{L'}$$

或

$$锥度 = \frac{D-d}{L} = 2\tan\left(\frac{\alpha}{2}\right)$$

式中　α——圆锥角。

在图样中,锥度也用 $1:n$ 的形式标注,并在 $1:n$ 前加注锥度符号"◁"。

锥度符号的画法,如图 1.25(b)所示,符号方向应与所注锥度方向一致。

如图 1.26 所示为按已知尺寸作锥度的方法。

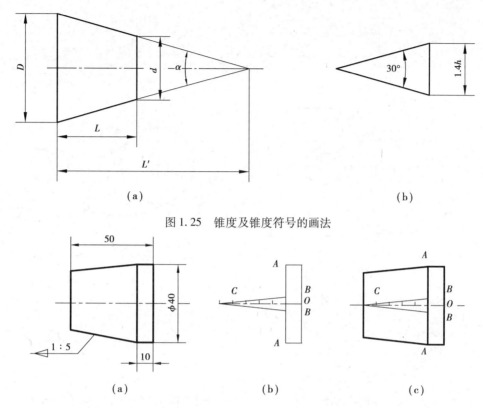

（a）　　　　　　　　　　　　　　　　　　　　（b）

图 1.25　锥度及锥度符号的画法

（a）　　　　　　　　　　（b）　　　　　　　　　（c）

图 1.26　锥度的画法

1.3.3　圆弧连接的画法

绘图时，经常需要用圆弧来光滑连接已知直线或圆弧（光滑连接即相切）。为了保证相切，必须准确地作出连接圆弧的圆心和切点。

（1）用半径为 R 的圆弧连接两条已知直线

如图 1.27 所示为用圆弧连接两条已知直线的作图方法。

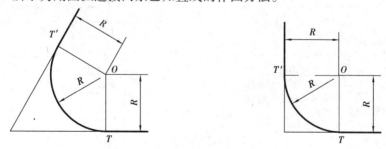

图 1.27　用圆弧连接两条已知直线

用已知半径为 R 的圆弧连接两条直线，以 R 为距离，分别作两辅助直线与已知直线平行，它们的交点 O 就是所求连接圆弧的圆心，从 O 向两已知直线作垂线，得到的两个点 T，T'，即为切点，以 O 为圆心，以 R 为半径作圆弧，相切于 T，T' 两点，即完成连接。

（2）用半径为 R 的圆弧连接两条已知圆弧

如图 1.28 所示为用圆弧半径为 $R_内$，$R_外$ 连接两已知圆弧。

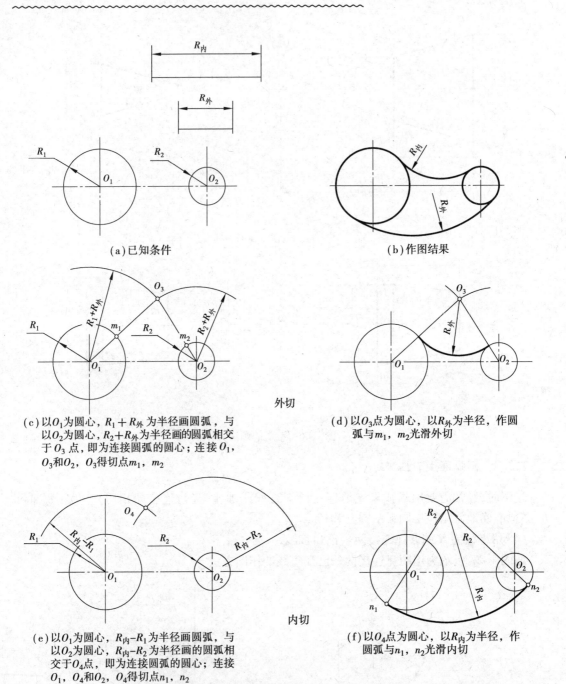

（a）已知条件

（b）作图结果

（c）以O_1为圆心，$R_1+R_外$为半径画圆弧，与以O_2为圆心，$R_2+R_外$为半径画的圆弧相交于O_3点，即为连接圆弧的圆心；连接O_1，O_3和O_2，O_3得切点m_1，m_2

外切

（d）以O_3点为圆心，以$R_外$为半径，作圆弧与m_1，m_2光滑外切

（e）以O_1为圆心，$R_内-R_1$为半径画圆弧，与以O_2为圆心，$R_内-R_2$为半径画的圆弧相交于O_4点，即为连接圆弧的圆心；连接O_1，O_4和O_2，O_4得切点n_1，n_2

内切

（f）以O_4点为圆心，以$R_内$为半径，作圆弧与n_1，n_2光滑内切

图 1.28 用圆弧与两已知圆外切和内切

1.3.4 椭圆的近似画法

下面介绍用四心圆法近似画椭圆，如图 1.29 所示。

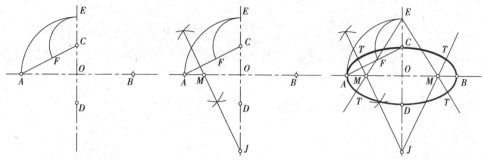

(a)画出长轴AB和短轴CD，连接AC；以O为圆心，OA为半径画弧AE；再以C为圆心，CE为半径画弧EF

(b)作AF的垂直平分线，与AB交于M，与CD交于J

(c)以J为圆心，JC为半径画弧；再以M为圆心，MA为半径画弧，两圆弧的切点T位于两圆心M，J的连线上，利用对称原理，即可画出整个椭圆

图 1.29　椭圆近似画法

1.4　平面图形的尺寸分析与绘图步骤

平面图形是由若干线段(直线和曲线)组成的,有些线段可根据已知尺寸直接画出,有些线段则必须根据与其他线段的相互关系才能画出。因此,要注意分析。

1.4.1　平面图形的分析

(1)平面图形的尺寸分析

尺寸按其在平面图形中所起的作用,可分为定形尺寸和定位尺寸两类。

1)定形尺寸　确定图形中各部分形状和大小的尺寸。如图 1.30 所示的 $\phi24,\phi40,28$, $R10,R60,R104$ 等是定形尺寸。

2)定位尺寸　确定图形中各部分之间相互位置关系的尺寸。如图 1.30 所示的 $160,\phi50$, $\phi28$ 等是定位尺寸。

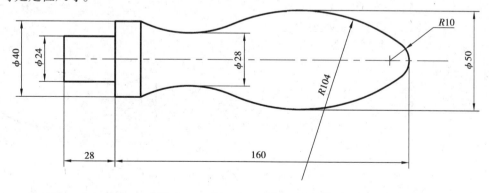

图 1.30　手柄

(2)平面图形的线段分析

平面图形中的线段按所给定的尺寸,分为已知线段、中间线段和连接线段 3 种。

1)已知线段　定形、定位尺寸齐全,可直接画出的线段,如图 1.30 所示, $\phi24$ 的圆柱和

$R10$ 的圆弧。

2）中间线段　只有定形尺寸和一个定位尺寸。如图 1.30 所示的 $R104$ 圆弧。

3）连接线段　只有定形尺寸，其位置必须依靠两端相邻线段画出后，才能画的线段。如图 1.30 所示的 $R60$ 圆弧。

1.4.2　平面图形的绘图步骤及作图示例

绘制机械图样时，其步骤如下：

1）做好准备工作

准备图板、丁字尺、三角板、铅笔（H，HB，B）及圆规等。

2）分析所画图形

弄清哪些是已知线段，哪些是连接线段。画图时，应先画已知线段，再用各种连接方法画连接线段。

3）根据图形大小确定图幅和比例。

4）固定图纸，按国标的规定画图框和标题栏。

5）布置图形，打底稿（用 H 铅笔）。

6）标尺寸并描深（标尺寸用 HB 铅笔，描深用 B 铅笔）。

如图 1.30 所示为一手柄的平面图形。

具体作图过程如图 1.31 所示。

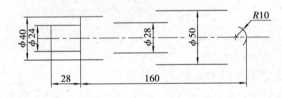

（a）画出已知线段以及相距为28和50范围线

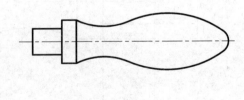

（b）画出连接圆弧 $R104$ 使与相距为50的两根范围线相切，并与 $R10$ 的圆弧内切

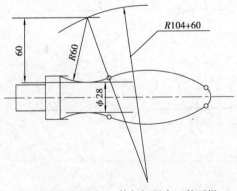

（c）画出连接圆弧 $R60$ 使与相距为28的两根范围线相切，并与 $R104$ 的圆弧外切

（d）擦去多余的作图线，按线型要求加深图线，完成全图

图 1.31　手柄平面图形的作图过程

第 **2** 章
点、直线和平面的投影

2.1 投影法概述

2.1.1 投影法的基本概念

空间物体在光线的照射下,会在地面或墙壁上产生影子,这种现象称为投影。经过科学抽象,找出影子和物体之间的关系,就形成了投影法。如图 2.1 所示,光源用点 S 表示,称为投影中心;平面 P 称为投影面;从投影中心发出的光线 SA,SB,SC 称为投影线;投影线 SA,SB,SC 的延长线与投影面 P 的交点 a,b,c 点分别称为点 A,B,C 在投影面上的投影。

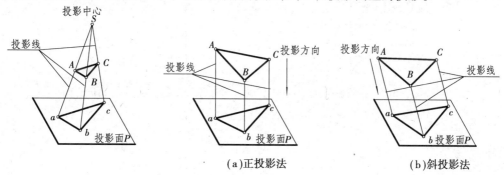

图 2.1 中心投影法   图 2.2 平行投影法

2.1.2 投影法的分类

按投影面与投影中心位置的不同,投影法可分为中心投影法和平行投影法两类。

(1)中心投影法

投影线都是从投影中心发出的投影法称为中心投影法。所得的投影称为中心投影,如图 2.1 所示。采用中心投影法画出的图样,不能完全反映物体的真实形状和大小,但立体感强,因此,主要用于绘制建筑物或产品富有立体感的立体图,也称为透视图。

（2）平行投影法

如果将投影中心移到无穷远处,则所有投影线都相互平行,这种投影方法称为平行投影法。所得的投影称为平行投影,如图 2.2 所示。根据投影面与投影线的是否垂直,又可分为正投影法和斜投影法。

1）正投影法　投影线与投影面垂直,所得的投影称为正投影,简称投影。

2）斜投影法　投影线与投影面倾斜,所得的投影称为斜投影。

2.1.3　投影体系的建立

由于空间一点在平面上的投影是唯一的,而仅一个投影面上的投影不能确定点的空间位置,所以工程上常把几何形体放在相互垂直的 2 个或 3 个投影面之间,并在这些投影面上形成多面正投影。

如图 2.3 所示,三面投影体系中 3 个投影面分别称为水平投影面(简称水平面),用"H"表示,在其上面的投影称为水平投影;正立投影面(简称正面),用"V"表示,在其上面的投影称为正面投影;侧立投影面(简称侧面),用"W"表示,在其上面的投影称为侧面投影。投影面的交线分别称为投影轴 Ox,Oy,Oz;投影轴的交点称为原点,用"O"表示。

3 个投影面把空间分成 8 个部分,分别称为第一分角、第二分角、……、第八分角。我国国家标准《机械制图》规定机件的图形采用第一分角投影画法。以后凡不作特别说明的投影图都是第一分角中的投影图,其展开形式如图 2.4 所示。

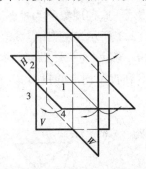

图 2.3　三面投影体系

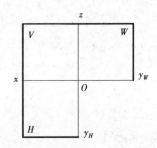

图 2.4　第一分角展开图

2.2　点 的 投 影

2.2.1　点在两面投影体系中的投影

如图 2.5(a)所示,有一空间点 A,将 A 点分别向 H 面和 V 面作投影,a 称为 A 点的水平投影,a' 称为 A 点的正面投影。规定用大写字母表示空间点,用相应的小写字母表示水平投影,用相应的小写字母加"'"表示正面投影。将其展开后得到两面投影如图 2.5(b)所示,$a\ a'$ 称为投影连线。为了作图方便,不必画出投影面的边框和投影连线与投影轴的交点 a_x,如图 2.5(c)所示。

从图可以分析得到点在两面投影体系中的投影规律:

1)点的正面投影和水平投影的连线一定垂直于 Ox 轴,即 $aa' \perp Ox$ 轴。

2)点的水平投影到 Ox 轴的距离,反映该点到 V 面的距离;点的正面投影到 Ox 轴的距离,反映该点到 H 面的距离,即 $aa_x = Aa'$;$a'a_x = Aa$。

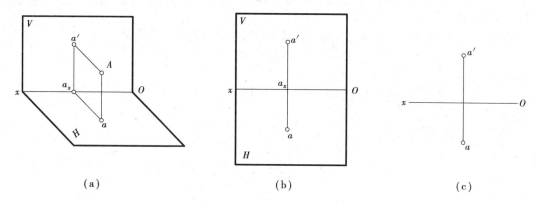

(a)　　　　　　　　　　(b)　　　　　　　　　　(c)

图 2.5　点的两面投影

2.2.2　点在三面投影体系中的投影

如图 2.6(a)所示,有一空间点 A,将 A 点分别向 H 面、V 面、W 面作投影,a 称为 A 点的水平投影,a' 称为 A 点的正面投影,a'' 称为 A 点的侧面投影。同样规定用大写字母表示空间点,用相应的小写字母表示水平投影,用相应的小写字母加"′"表示正面投影,用相应的小写字母加""″表示侧面投影。将其展开后得到三面投影,如图 2.6(b)所示。为了作图方便,画成如图 2.6(c)所示的形式。

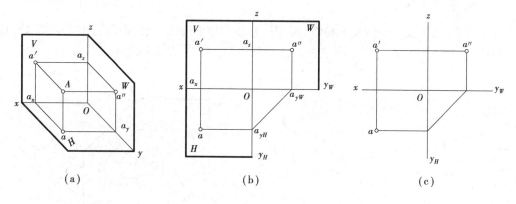

(a)　　　　　　　　　　(b)　　　　　　　　　　(c)

图 2.6　点的三面投影

从图中可以分析得到点在三面投影体系中的投影规律:

1)点的正面投影和水平投影的连线一定垂直于 Ox 轴,即 $aa' \perp Ox$ 轴;点的正面投影和侧面投影的连线一定垂直于 Oz 轴,即 $a'a'' \perp Oz$ 轴。

2)点的水平投影到 Ox 轴的距离,反映该点到 V 面的距离;点的水平投影到 Oy 轴的距离,反映该点到 W 面的距离;点的正面投影到 Ox 轴的距离,反映该点到 H 面的距离;点的正面投影到 Oz 轴的距离,反映该点到 W 面的距离;点的侧面投影到 Oz 轴的距离,反映该点到 V 面的距离;点的侧面投影到 Oy 轴的距离,反映该点到 H 面的距离。即 $aa_x = Aa' = a''a_z$;$a'a_x = Aa = a''a_{yW}$;$a'a_z = Aa'' = aa_{yH}$。

2.2.3　根据点的两个投影求第三投影

在三面投影体系中,若已知一个点的两个投影,则该点的空间位置即可确定,因此,它的第三投影也唯一确定。

例 2.1　已知点 A 的两面投影 a,a',求其第三投影,如图 2.7(a)所示。

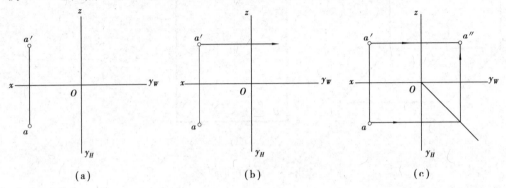

图 2.7　已知点的两面投影求作第三投影

解　求 a'' 的作图方法如图 2.7(b)、(c)所示。

1)由 a' 作 Oz 轴的垂线,交于 a_z 并延长。

2)由 a 作 Oy_H 的垂线,并利用过原点 O 的 45°辅助线,过该垂线与辅助线的交点向上作 y_W 的垂线,该直线与 1)所作直线相交即得 a''。

2.2.4　点的坐标

在工程中,为了度量点的空间位置,可把投影面当作坐标面,把投影轴当作坐标轴,O 点即为坐标原点,并规定 x 轴从 O 点向左为正,y 轴从 O 点向前为正,z 轴从 O 点向上为正。

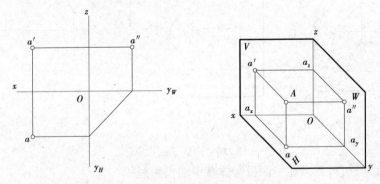

图 2.8　点的投影与坐标的关系

从图 2.8 中可看出点的投影与坐标的关系如下:

点 A 到 W 面的距离 $= Oa_x = x$ 坐标;

点 A 到 V 面的距离 $= Oa_y = y$ 坐标;

点 A 到 H 面的距离 $= Oa_z = z$ 坐标。

因此,如果已知一点的坐标 (x,y,z),它的三面投影便可确定;反之,已知其三面投影,它的坐标也可确定。

2.2.5　特殊点的投影

特殊点的投影特性如下：

1）投影面上的点：与该点所在投影面垂直的坐标为 O，而其余两坐标不为 O；在该投影面上的投影与该点重合，在相邻投影面上的投影分别在相应的投影轴上，如图 2.9(a)所示。

2）投影轴上的点：该点所在轴的坐标不为 O，而其余两坐标为 O；在包含该轴的两投影面上的投影与该点重合，在另一投影面上的投影则与原点重合，如图 2.9(b)所示。

3）点在原点：3 个坐标均为 O，3 个投影与该点均重合于原点，如图 2.9(c)所示。

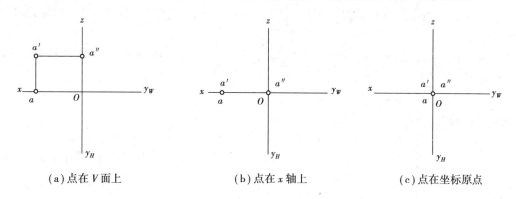

(a)点在 V 面上　　　　　(b)点在 x 轴上　　　　　(c)点在坐标原点

图 2.9　特殊点的投影

2.2.6　两点的相对位置

如图 2.10 所示，点的正面投影反映点的左右及上下位置关系；点的水平投影反映点的左右及前后位置关系；点的侧面投影反映点的前后及上下位置关系。

为了确定两点的相对位置关系，规定以水平投影面 H 为准，离水平投影面 H 近者为下、远者为上；以正立投影面 V 为准，离正立投影面 V 近者为后、远者为前；以侧立投影面 W 为准，离侧立投影面 W 近者为右、远者为左。也可由两点相应的坐标值的大小或者坐标差来判定。

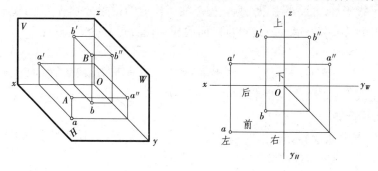

图 2.10　两点的相对位置

2.3 直线的投影

2.3.1 直线的投影特性

由于两点决定一直线,因此,空间一直线的投影可由直线上两点(通常取直线段两个端点)的同面投影连接确定。直线对投影面的投影特性如下:

1)积聚性 当直线垂直于投影面时,它在该投影面上的投影积聚为 1 个点,如图 2.11(a)所示。

2)实长性 当直线平行于投影面时,它在该投影面上的投影反映实长,即投影长度与空间长度相等,如图 2.11(b)所示。

3)缩短性 当直线倾斜于投影面时,它在该投影面上的投影长度缩短。缩短多少,根据直线对投影面夹角的大小而定,即 $ab = AB \cos \alpha$,如图 2.11(c)所示。

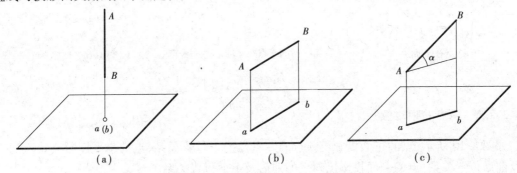

图 2.11 直线对一个投影面的投影

2.3.2 直线对投影面的相对位置

直线与水平投影面、正立投影面、侧立投影面所构成的锐角分别称为直线对 H 面、V 面、W 面的倾角,分别用 α, β, γ 表示。直线对投影面的相对位置可分为 3 类:

(1)投影面垂直线

垂直于一个投影面,而与另外两个投影面平行。垂直于 H, V, W 面的直线分别称为铅垂线、正垂线、侧垂线。它们的投影特性如表 2.1 所示。

(2)投影面平行线

平行于一个投影面,而与另外两个投影面倾斜。平行于 H, V, W 面的直线分别称为水平线、正平线、侧平线。它们的投影特性如表 2.1 所示。

表 2.1　特殊位置直线的投影特性

投影面垂直线			
投影图			
投影特性	正面投影积聚为一点； $ab = a''b'' = AB$ 反映实长； $ab \perp Ox$，$a''b'' \perp Oz$	水平投影积聚为一点； $a'b' = a''b'' = AB$ 反映实长； $a'b' \perp Ox$，$a''b'' \perp Oy$	侧面投影积聚为一点； $ab = a'b' = AB$ 反映实长； $ab \perp Oy$，$a'b' \perp Oz$
投影面平行线			
投影图			
投影特性	$ab = AB$ 反映实长； ab 与 Ox 轴的夹角反映 AB 对 V 面的倾角 β； ab 与 Oy 轴的夹角反映 AB 对 W 面的倾角 γ	$a'b' = AB$ 反映实长； $a'b'$ 与 Ox 轴的夹角反映 AB 对 H 面的倾角 α； $a'b'$ 与 Oz 轴的夹角反映 AB 对 W 面的倾角 γ	$a''b'' = AB$ 反映实长； $a''b''$ 与 Oy 轴的夹角反映 AB 对 H 面的倾角 α； $a''b''$ 与 Oz 轴的夹角反映 AB 对 V 面的倾角 β

(3)一般位置直线

与 3 个投影面都倾斜,它的 3 个投影均为倾斜位置,α,β,γ 都不等于零,3 个投影都小于线段的实长,如图 2.12 所示。

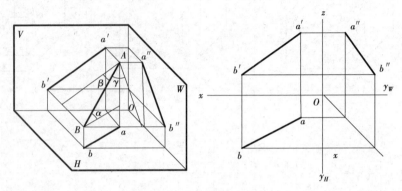

图 2.12 一般位置直线

2.3.3 直线上的点

直线与直线上点的关系如下:

1)从属性 直线上点的投影必定在直线的同面投影上。如图 2.13 所示,点 C 在直线 AB 上,则 a 在 ab 上,a' 在 $a'b'$ 上。

2)定比性 直线上的点分线段在各投影中的比例相等。如图 2.13 所示,$AC:CB = ac:cb = a'c':c'b'$。

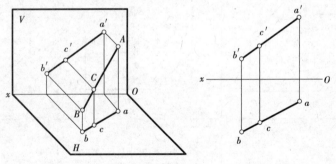

图 2.13 直线上的点

例 2.2 已知直线 AB 和点 K 的正面投影和水平投影,试判断点 K 是否在直线 AB 上,如图 2.14(a)所示。

解 方法 1:先画出直线 AB 的侧面投影 $a''b''$ 和 K 点的侧面投影 k''。然后看 k'' 是否在 $a''b''$ 上。从图 2.14(b)的侧面投影看出,k'' 不在 $a''b''$ 上,因此,K 点不在直线 AB 上。

方法 2:用点分线段成比例的方法,将直线 AB 的水平投影 ab 分成两段,使其比值等于 $a'b'$ 上的 l_1 与 l_2 的比,得 k_1 点。从图 2.14(c)看出 k_1 与 k 不重合,因此,K 点不在直线 AB 上。

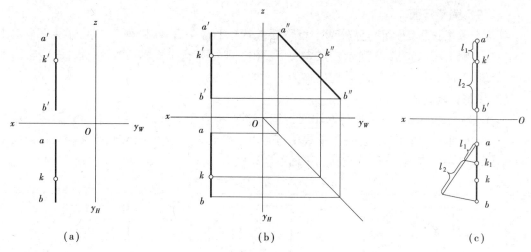

图 2.14 判断点是否在直线上

2.4 平面的投影

2.4.1 平面的表示方法

用确定平面的点、直线、平面图形等几何元素的投影表示平面的方法,称为几何元素表示法。根据平面性质公理"不在同一直线上的 3 个点确定一个平面"及其推论得具体的表示方法如下:

①不在同一直线上的 3 点;

②一直线和直线外一点;

③两相交直线;

④两平行直线;

⑤任意的平面图形(如三角形、多边形及圆等)。

以上情况可以相互转化,如图 2.15 所示,其中以两相交直线和平面图形表示最多。

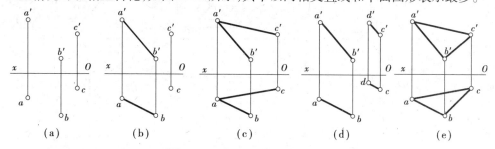

图 2.15 平面的几何元素表示法

2.4.2 平面对投影面的相对位置

平面与水平投影面、正立投影面、侧立投影面所构成的锐角分别称为平面对 H 面、V 面、W 面的倾角,分别用 α,β,γ 表示。平面对投影面的相对位置可分为 3 类。

29

（1）投影面平行面

平行于一个投影面，而与另外两个投影面垂直。平行于 H,V,W 面的平面分别称为水平面、正平面、侧平面，如表2.2所示。从表中可看出当平面平行于投影面时，平面在该投影面中的投影反映平面的真实形状，这种性质称为平面的实形性。

（2）投影面垂直面

垂直于一个投影面，而与另外两个投影面倾斜。垂直于 H,V,W 面的平面分别称为铅垂面、正垂面、侧垂面，如表2.2所示。从表中可看出当平面垂直于投影面时，平面在该投影面中的投影积聚成一条直线，这种性质称为平面的积聚性。

表2.2 特殊位置平面的投影特性

投影面垂直面			
投影图			
投影特性	正面投影积聚为直线，它与 Ox,Oz 轴的夹角反映平面对 H,W 面的夹角 α,γ；水平投影和侧面投影为平面的类似形	水平投影积聚为直线，它与 Ox,Oy 轴的夹角反映平面对 V,W 面的夹角 β,γ；正面投影和侧面投影为平面的类似形	侧面投影积聚为直线，它与 Oy,Oz 轴的夹角反映平面对 H,V 面的夹角 α,β；水平投影和正面投影为平面的类似形
投影面平行面			
投影图			
投影特性	正面投影反映实形；水平投影和侧面投影积聚成直线，并且分别平行于 Ox,Oz 轴	水平投影反映实形；正面投影和侧面投影积聚成直线，并且分别平行于 Ox,Oy 轴	侧面投影反映实形；正面投影和水平投影积聚成直线，并且分别平行于 Oz,Oy 轴

（3）一般位置平面

与 3 个投影面都倾斜，它的 3 个投影均不反映投影面的真实形状，α, β, γ 都不等于 0，3 个投影都是面积缩小的类似形，这种性质称为平面的类似性，如图 2.16 所示。

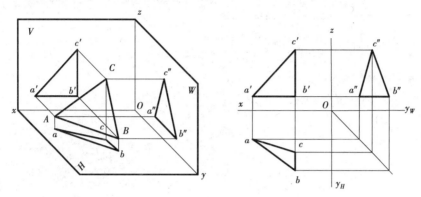

图 2.16　一般位置平面

例 2.3　已知侧垂面的正面投影和侧面投影，试完成其水平投影，如图 2.17（a）所示。

解　由于是侧垂面，因此，侧面投影有积聚性。将正面投影上各点都投影到侧面投影这条直线上，再根据已知点的两个投影求第三个投影的方法，求出各点的水平投影，然后依次连接起来，即得平面的水平投影，如图 2.17（b）所示。

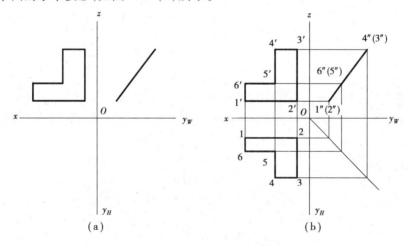

图 2.17　求侧垂面的水平投影

2.4.3　平面上的点和线

点和直线在平面上的几何条件是：

1）点在平面上，则该点必定在这个平面内的一条直线上，如图 2.18（a）所示。

2）直线在平面上，则直线必定通过这个平面上的两个点，或者通过这个平面上的一个点，且平行这个平面上的一条直线，如图 2.18（b）所示。

例 2.4　如图 2.19（a）所示，已知点 M, N 在平面 ABC 上，求作另一投影 m', n。

解　其作图方法如图 2.19（b）所示。

1）求 M 点的正面投影 m'：过 m 作辅助线 $m1 \parallel ab$；由 1 对应得 $1'$；再由 $1'$ 作辅助线 $\parallel$

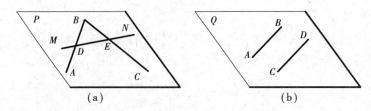

图 2.18 点和直线在平面上的几何条件

$a'b'$,并将 m 对应到辅助线上得 m'。

2)求 N 点的水平投影 n:连接 $a'n'$并与 $b'c'$交于 $2'$;由 $2'$对应到 bc 上得 2;连 $a2$ 并延长,将 n'对应到 $a2$ 的延长线上得 n。

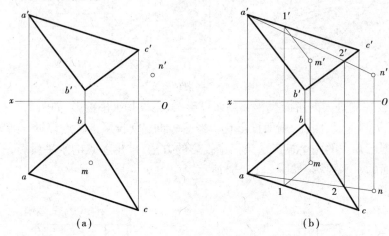

图 2.19 平面上取点

例 2.5 判定点 K 是否在平面 ABC 上,如图 2.20(a)所示。

解 根据点在平面上的几何条件,可用反证法来判别。先假定 K 点在平面 ABC 上,则过 k'(或 k)可在 $\triangle a'b'c'$ 上作一条已知直线 $a'1'$;由 $a'1'$对应得 $a1$。这时 $a1$ 未过 k,则证明 K 不在 $\triangle ABC$ 上,如图 2.20(b)所示。

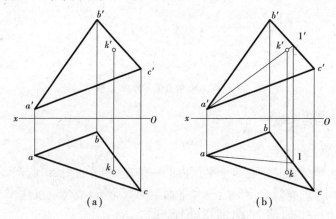

图 2.20 判断点是否在平面上

第**3**章
立体的投影

立体由围成它的各个表面确定其范围及形状。根据表面的几何性质,立体分为平面立体和曲面立体。表面均为平面的,称为平面立体;表面为曲面或曲面与平面的,称为曲面立体。

立体包括基本体和组合体。棱柱、棱锥、圆柱、圆锥、圆球等是组成机件的基本形体,简称基本体。基本体的组合称为组合体。本章主要研究基本体的投影以及基本体截切、相贯后形成截切体、相贯体的投影。

3.1　平面立体

常见的平面立体主要有棱柱、棱锥等。在投影图上,表示平面立体就是把组成立体的各个表面的交线(棱线)及各个顶点(棱线的交点)表示出来,然后判断其可见性,看得见的棱线用实线表示,看不见的用虚线表示。

3.1.1　棱柱

(1)棱柱的投影

如图 3.1(a)所示为一个正五棱柱的投影情况。它的顶面及底面均为水平面,它们的水平投影反映实形,正面及侧面投影积聚成直线段。5 个棱面中,后棱面为正平面,它的正面投影反映实形,水平投影和侧面投影积聚成直线段,其他 4 个侧棱面均为铅垂面,其水平投影积聚成直线段,其他两个投影均为类似形。

如图 3.1(b)所示为正五棱柱的投影图。作投影图时,先画顶面和底面的投影,水平投影反映实形且两面重合,正面投影和侧面投影都积聚成水平方向的直线段;然后按投影关系画出 5 条棱线的正面投影和侧面投影,它们反映棱柱的高。在正面投影中,棱线 EE_1、DD_1 被挡住为不可见,应画成虚线。在侧面投影中,棱线 CC_1、DD_1 为不可见,但与 AA_1、EE_1 重合,故只画出实线。

(2)棱柱表面取点

棱柱表面取点是已知棱面上点的一个投影,求其他两个投影的问题,其原理和方法与平面

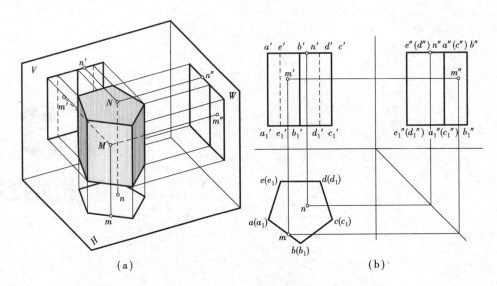

图 3.1　正五棱柱的投影

上取点相同。应先分析点所在棱柱表面的投影特性,再确定作图方法和步骤。

如图 3.1(b)所示,已知 M 点的正面投影 m',求它的其他两面投影 m,m''。由于 M 点是可见的,因此,M 点必定在 AA_1B_1B 棱面上,AA_1B_1B 为铅垂面,水平投影 $a(a_1)b(b_1)$ 有积聚性,因此,m 点必定在 $a(a_1)b(b_1)$ 上,根据 m,m',即可求出 m''。

又如,已知 N 点的水平投影 n,求它的其他两面投影 n,n''。由于 N 点是可见的,因此,N 点必定在顶面上,而顶面的正面投影和侧面投影都具有积聚性,因此,n',n'' 必定在顶面的同面投影上。

3.1.2　棱锥

(1)棱锥的投影

如图 3.2(a)所示为一正三棱锥的投影情况。它的底面为水平面,水平投影反映实形,正面及侧面积聚为直线段。棱面 SAC 为侧垂面,侧面投影积聚为直线段,水平和正面投影为类似形,棱面 SAB 和 SBC 为一般位置平面。因此,3 个投影均为类似形。

图 3.2(b)为正三棱锥的投影图。作投影图时,先画底面的投影,水平投影反映实形,正面及侧面投影均积聚成水平方向的直线段。再画锥顶 S 的投影,水平投影为等边三角形角平分线的交点,正面投影和侧面投影反映锥高。最后,连接 SA,SB,SC 即可。

(2)棱锥表面取点

棱锥表面取点,其原理和方法与平面上取点相同。在图 3.2(b)中,已知 M 点的正面投影 m',求它的其他两面投影 m,m''。由于 M 点是可见的,因此,它必定在 SAB 棱面上。SAB 棱面为一般位置平面,3 个投影都没有积聚性,需作辅助线来求 m 和 m''。过 M 点作辅助线 $S \rm I$,作出 $S \rm I$ 的各投影。由于点 M 在 $S \rm I$ 线上,M 点的投影必然在 $S \rm I$ 的各同面投影上,由 m' 可求出 m 和 m''。

又如,已知 N 点的水平投影 n,求它的其他两面投影。由于 n 点可见,它必定在 SAC 棱面上,SAC 棱面的侧面投影有积聚性,n'' 在 $s''a''c''$ 直线上,可直接求得;由 n 和 n'' 求得 n'。棱面 SAC 正面投影不可见,因此,n' 也不可见,用 (n') 表示。

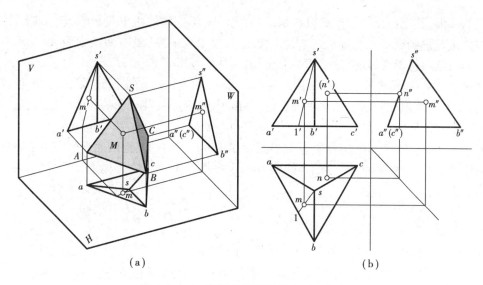

（a）　　　　　　　　　　（b）

图 3.2　正三棱锥的投影及其表面上的点

3.2　曲面立体

常见的曲面立体有圆柱、圆锥和圆球 3 种。

3.2.1　圆柱

（1）圆柱的投影

圆柱由圆柱面、顶圆和底圆组成。圆柱面是一直母线绕与之平行的轴线回转而成，如图 3.3（a）所示。

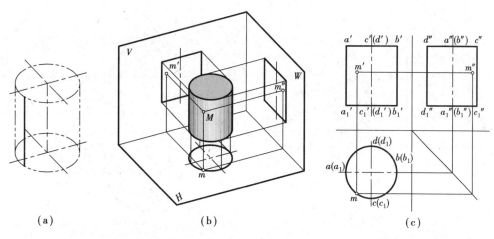

（a）　　　　　　　　（b）　　　　　　　　（c）

图 3.3　圆柱的投影及表面上取点

在投影图上表示圆柱，应画出回转轴、顶圆、底圆和圆柱面上处于外形轮廓位置的素线（最大轮廓线）的投影。

如图 3.3（b）所示为一圆柱的投影情况，其轴线垂直 H 面，上、下底圆为水平面，在水平投影上反映实形,其正面投影和侧面投影积聚为直线段,圆柱面的水平投影积聚在圆上,正面和侧面投影应分别画出最大轮廓线的投影。如正面投影为最左、最右两条素线 AA,BB 的投影 $a'a',b'b'$;侧面投影为最前、最后两条素线 CC,DD 的投影 $c''c'',d''d''$。

如图 3.3(c)所示为圆柱的投影图。作图时,应先用点画线画出回转轴 OO 的各投影及圆的中心线,然后画出反映实形的水平圆,最后画出顶圆、底圆及圆柱面的其他两个投影。

（2）**圆柱表面取点**

在图 3.3(c)中,已知圆柱表面 M 点的正面投影 m',求它的其他两面投影。由于圆柱面的水平投影具有积聚性,因此,圆柱面上的点 M 的水平投影 m 必定在圆周上,根据投影关系可求出 m' 和 m''。

3.2.2　圆锥

（1）**圆锥的投影**

圆锥是由圆锥面和底圆组成,圆锥面可看成由一个与轴线相交的直母线绕轴线回转而成,如图 3.4(a)所示。

圆锥的投影应画出回转轴,底圆和圆锥面上处于外形轮廓位置的素线(最大轮廓线)的投影。

如图 3.4(b)所示为一圆锥的投影情况,其轴线为铅垂线,底面为水平面,水平投影为一圆,正面及侧面投影为等腰三角形。等腰三角形的底边为底圆的投影,两腰分别为各最大轮廓线的投影。如正面投影为最左、最右两条素线 SA,SB 的投影 $s'a',s'b'$;侧面投影为最前、最后两条素线 SC,SD 的投影 $s''c'',s''d''$。

如图 3.4(c)所示为圆锥的投影图。作图时,应先用点画线画出回转轴 OO 的各投影及底圆的中心线,再画出锥底面和锥顶 s 的各投影,然后连接 $s'a',s'b'$ 及 $s''c'',s''d''$ 即可。

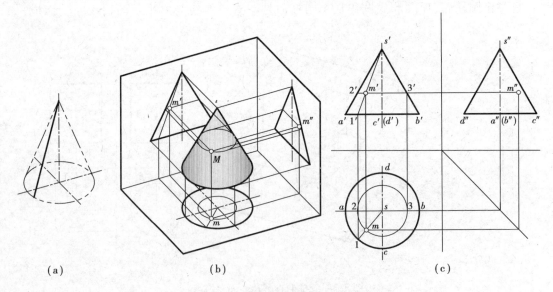

(a)	(b)	(c)

图 3.4　圆锥的投影及表面上取点

（2）圆锥表面取点

在图 3.4(c)中,已知 M 点的正面投影 m',求它的其他两面投影 m,m''。由于圆锥面的 3 个投影都没有积聚性,因此,其表面取点需作适当的辅助线进行求解。

1)素线法　过锥顶 S 和 M 点作一辅助素线 $SⅠ$,辅助素线 $SⅠ$ 的正面投影为连接 s' m' 并延长到锥底交于 $1'$,然后,求出辅助线的水平投影 $s1$ 和侧面投影 $s''1''$。M 点在 $SⅠ$ 线上,故其投影必定在该线的同面投影上,按投影规律,可求出 m' 和 m''。可见性的判断:M 点所在锥面的 3 个投影均可见,因此,m,m',m'' 也都可见。

2)辅助圆法　过 M 点作一平行于底圆的水平辅助圆,该圆的正面投影为过 m' 且平行于 a' b' 的直线段 $2'$ $3'$,它的水平投影为直径等于 $2'$ $3'$ 的圆。m 点必在此圆上,根据投影关系可得到 m,由 m,m' 可求出 m''。

3.2.3　圆球

（1）圆球的投影

圆球是一个圆母线以其直径为轴线回转所形成的曲面体,如图 3.5(a)所示。

如图 3.5(b)所示为一圆球的投影情况。球的三面投影均为大小相等的圆,其直径等于球的直径。但 3 个投影面上的圆是球面上 3 个不同方向最大轮廓线的投影。正面投影是平行于 V 面最大圆的投影,水平投影是平行于 H 面最大圆的投影,侧面投影是平行于 W 面最大圆的投影。

如图 3.5(c)所示为圆球的投影图。作投影图时,应先确定球心的 3 个投影,并用点画线画出中心线,再画出 3 个与球直径相等的圆。

（2）圆球表面取点

在图 3.5(c)中,已知圆球面上 M 点的水平投影,求其他两面投影。

在圆球表面上取点只能用辅助圆法作图。其作图方法为过 M 点的水平投影作一平行于正面的辅助圆,它的水平投影为 12,正面投影为直径等于 $1'$ $2'$ 的圆,m' 必定在该圆上,由 m,m' 可作出 m''。对于正面投影来讲,M 点在前半球面上,因此,它的正面投影是可见的。同理,

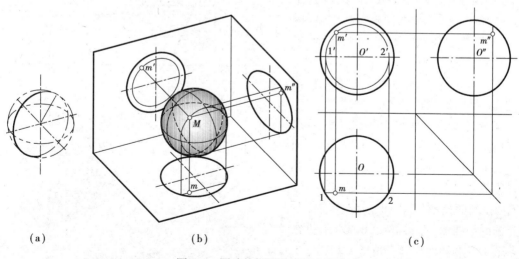

| (a) | (b) | (c) |

图 3.5　圆球的投影及表面上取点

对于水平投影,M 点在上半球面上,对于侧面投影,M 点在左半球面上,因此,m,m'' 也是可见的。当然,也可过 M 点作水平圆和侧平圆来进行求解。

3.3 平面与立体相交

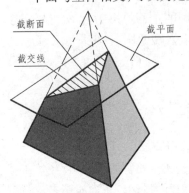

平面与立体相交,可认为是立体被平面截切。这个平面通常称为**截平面**,截平面与立体表面的交线称为**截交线**。截交线围成的平面图形称为**截断面**,如图 3.6 所示。研究平面与立体相交的目的就是求出立体表面截交线的投影。在此仅研究特殊位置平面与立体相交的情况。

截交线的一般性质如下:

1)截交线既在截平面上,又在立体表面上,因此,截交线是截平面与立体表面的共有线,截交线上的点是截平面与立体表面的共有点。

2)由于立体表面是封闭的,因此,截交线一般为封闭的平面图形。

3)截交线的形状决定于立体表面的形状和截平面与立体的相对位置。

图 3.6 截交线与截断面

3.3.1 平面与平面立体相交

平面与平面立体相交,截交线是平面多边形。多边形的各边是截平面与平面立体表面的交线,多边形的各顶点是截平面与平面立体上棱线的交点。因此,求平面立体的截交线,可归结为求两平面的交线和求棱线与截平面交点的问题。

特殊位置平面与平面立体相交时,由于特殊位置平面的某些投影有积聚性,因此,平面立体上棱线与截平面的交点,可直接利用积聚性求出。

如图 3.7 所示为三棱锥被一正垂面截切,求截交线的投影。

其截交线的正面投影积聚为一直线段,可直接求出棱线 SA,SB,SC 与截平面的交点 Ⅰ,Ⅱ,Ⅲ的正面投影 $1'$,$2'$,$3'$。利用投影关系,即可求出各交点的水平投影 1,2,3 和侧面投影 $1''$,$2''$,$3''$。依次连接各交点的同面投影,即得截交线的水平投影三角形 123 和侧面投影三角形 $1''2''3''$。

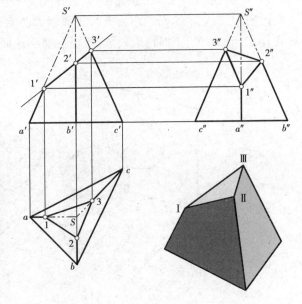

图 3.7 平面与三棱锥相交

3.3.2　平面与曲面立体相交

（1）平面与圆柱相交

平面与圆柱相交时,根据平面对圆柱轴线相对位置的不同,其截交线有 3 种情况,如表3.1 所示。

表3.1　圆柱截交线的基本形式

截平面位置	平行于圆柱轴线	垂直于圆柱轴线	倾斜于圆柱轴线
轴测面			
截交线	矩形	圆	椭圆
投影图			

如图3.8 所示为圆柱被正垂面截切,求截交线的投影。

分析:该正垂面 P 倾斜于圆柱轴线,因此,截交线是一个椭圆,它的正面投影积聚成直线段,水平投影积聚在圆上。可利用圆柱表面取点的方法,求出椭圆上一系列的侧面投影,并依次连线,即为椭圆的侧面投影。

作图:

①求特殊点的投影。特殊点是指轮廓线上点、截交线本身的特性点(如椭圆的长短轴端点)和截交线极限位置上的点(如最左、最右、最前、最后、最高、最低的点)。在图3.8 中,I,III,V,VII点是特殊点,利用投影关系可直接求得 1″,3″,5″,7″。

②求一般点的投影。在特殊点之间的适当位置,取一般点 II,IV,VI,VIII,其正面投影是2′,4′,6′,8′,水平投影为2,4,6,8,利用点的投影规律分别求得 2″,4″,6″,8″。

③依次光滑连线,并判断可见性。按照水平投影上各点的顺序,光滑连线,即

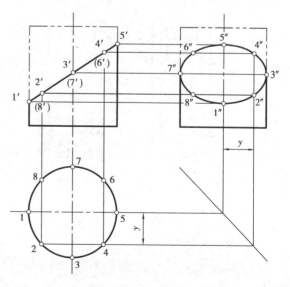

图3.8　正垂面与圆柱相交

为所求截交线的侧面投影。由于截交线上所有点的侧面投影都可见,因此,侧面投影用实线画出。

如图 3.9 所示为开槽的圆柱,求其投影。

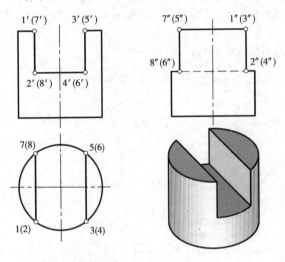

图 3.9　开槽圆柱的投影

分析:圆柱开槽是由 3 个截平面组成。其中,两个截平面是平行于圆柱轴线的侧平面,截交线是 Ⅰ Ⅱ,Ⅲ Ⅳ,Ⅴ Ⅵ,Ⅶ Ⅷ 4 条平行于圆柱轴线的直线,一个截平面是垂直于圆柱轴线的水平面,截交线是 Ⅱ Ⅳ 和 Ⅵ Ⅷ。

由于 3 个截平面的正面投影都具有积聚性,因此,截交线的正面投影是 3 条直线段,圆柱的水平投影具有积聚性,故截交线的水平投影都在圆上。

作图:

①画出圆柱的三面投影图。

②按 3 个截平面的实际位置画出它们的正面投影和水平投影。

③求截交线的侧面投影。根据投影关系分别求出截交线上各端点的侧面投影 1″,2″,3″,4″,5″,6″,7″,8″。

④判断可见性并连线。直线段 1″ 2″ 和 3″ 4″重合,5″ 6″和 7″ 8″重合并可见,用实线画出;直线段 2″ 8″和 4″ 6″重合,不可见,用虚线画出。侧面投影的轮廓线,在水平截平面以上被截去,这部分轮廓线不应画出。

如图 3.10(a)、(b)所示为空心圆柱被截切的情况,截平面与圆柱的内、外表面都有交线,作图时应特别注意判断其可见性。

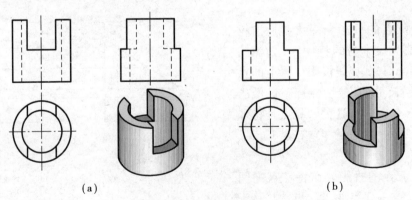

(a)　　　　　　　　　　　　　　　　(b)

图 3.10　空心圆柱被截切

(2)平面与圆锥相交

平面与圆锥相交时,根据截平面与圆锥轴线相对位置的不同,其截交线有 5 种基本形式,如表 3.2 所示。

40

表 3.2 圆锥截交线的基本形式

截平面位置	过锥顶	与轴线垂直	与轴线倾斜 $\theta > \alpha$	与轴线倾斜 $\theta = \alpha$	与轴线平行 $\theta = 0$
轴测图					
截交线	三角形	圆	椭圆	抛物线	双曲线
投影图					

如图 3.11 所示为一圆锥被正垂面截切,求截交线的投影。

分析:该正垂面倾斜于圆锥轴线,且 $\theta > \alpha$,因此,截交线是椭圆。它的正面投影积聚成直线段,水平投影和侧面投影仍为椭圆。

作图:

①求特殊点的投影。应先求出椭圆的长、短轴端点,长轴端点 Ⅰ, Ⅱ 的正面投影 $1'$, $2'$ 已知,在圆锥正面投影的轮廓线上,因此,可得到它们的水平投影 1, 2 和侧面投影 $1''$, $2''$。短轴与长轴相互垂直平分,因此,短轴端点 Ⅲ, Ⅳ 的正面投影 $3'$, $4'$ 在 $1'$, $2'$ 的中点上。然后,利用辅助圆的方法,可求得水平投影 3, 4 和侧面投影 $3''$, $4''$。

在图 3.11 中,Ⅴ, Ⅵ 也是特殊点,它们是侧面投影最大轮廓线上的点。应先求出侧面投影 $5''$, $6''$,然后根据 $5'$, $6'$ 和 $5''$, $6''$,求出 5, 6。

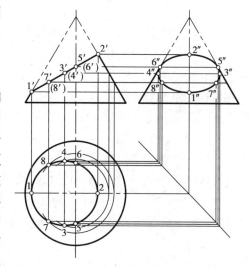

图 3.11 正垂面与圆锥相交

②求一般点投影。利用辅助圆法,可求得一系列的一般点的投影,如 Ⅶ, Ⅷ 点的投影。

③依次光滑连线并判断可见性。将这些点光滑连线,并判断其可见性。在图 3.11 中,正面投影具有积聚性,因此,水平投影和侧面投影可见。

如图 3.12 所示为一圆锥被水平面截切,求截交线的投影。

分析:由于截平面平行于圆锥轴线,因此,截交线为双曲线。它的正面投影与侧面投影均积聚成一直线,水平投影反映实形。

作图:

①求特殊点的投影。轮廓线上的点 Ⅲ 的水平投影 3 可根据正面投影直接求出,底圆上点

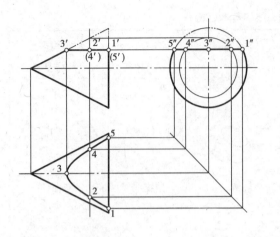

图3.12　水平面与圆锥相交

Ⅰ，Ⅴ的水平投影1,5可根据侧面投影直接求出。

②求一般点的投影。在特殊点之间的适当位置取一般点，如Ⅱ，Ⅳ两点的正面投影2′,4′。根据圆锥上取点的方法作辅助圆（或过锥顶作素线），求出侧面投影2″,4″，然后根据投影关系求出2,4。

③判断可见性并连线。在图3.12中，截交线的水平投影均可见，用实线依次光滑连接即可。

（3）平面与圆球相交

平面与圆球相交的截交线都是圆。根据截平面对投影面的相对位置不同，截交线的投影可以是圆、直线段或椭圆。

如图3.13所示为圆球被一铅垂面截切，求截交线的投影。

分析：其截交线圆的水平投影是直线段1 2，长度等于截交线圆的直径，正面投影和侧面投影均为椭圆，可利用球面取点的方法求得截交线上一系列点的正面投影和侧面投影，依次光滑连接各点的同面投影，即得截交线的投影。

作图：

①求特殊点的投影。应先求出椭圆长、短轴的端点。短轴端点分别是1′,2′和1″,2″可直接求出。长轴的端点为直线段1,2的中点3,4，利用辅助水平圆求得3′,4′和3″,4″。然后根据5,6,7,8分别是截交线在球面各轮廓线上点的水平投影，利用轮廓线对应关系可直接求得5′,6′,7′,8′和5″,6″,7″,8″。

②求一般点的投影。在水平投影中作一辅助水平圆，该圆与直线段1 2的交点9,10,11,12即为一般点的水平投影，并求出9′,10′,11′,12′和9″,10″,11″,12″。

③光滑连线并判断可见性。按照顺序光滑连接各点的正面和侧面投影。在正面投影中，由于3′,7′,11′,2′,12′,8′,4′点不可见，因

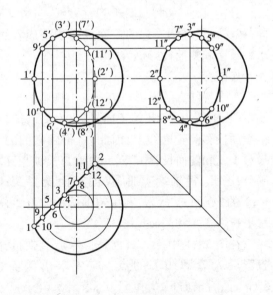

图3.13　铅垂面与圆球相交

此，曲线3′7′11′2′12′8′4′6′应画成虚线，5′9′1′10′6′画成实线。侧面投影全部可见，画成实线。

如图3.14所示为半球上部开槽，求其投影。

圆球上部开槽实际上是由3个截平面组成。其中，两个截平面是平行于轴线的侧平面，一个截平面是垂直于轴线的水平面。

求截交线时，应首先作出3个截平面都有积聚性的正面投影，然后根据正面投影找出截交圆弧半径，完成其他投影。

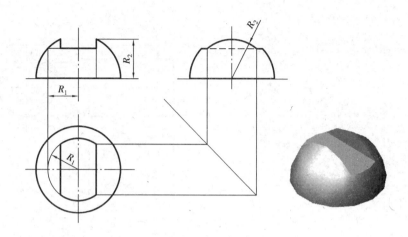

图 3.14 半球上部开槽

3.4 立体与立体相交

两立体相交称为相贯,相贯时表面形成的交线称为相贯线。相贯线一般具有以下两个性质:

①相贯线既是相交两立体表面的共有线,同时,也是相交两立体表面的分界线,因此,相贯线由两立体表面上一系列的共有点组成。

②由于立体具有一定的范围,因此,相贯线一般都是封闭的。

两立体相贯可分为平面立体与平面立体、平面立体与曲面立体以及曲面立体与曲面立体相贯。本节主要讨论曲面立体与曲面立体相贯的情况。

两曲面立体相交,其相贯线一般为封闭的空间曲线。由于相贯线是两相交曲面立体表面的共有线,由一系列的共有点组成。因此,求相贯线的实质是求两曲面立体表面上一系列的共有点,然后依次光滑连线,并判别其可见性即可。

在作图时,为了准确地作出相贯线,应尽可能地作出一些特殊点,以确定相贯线的范围和变化趋势,这类点包括最高、最低、最左、最右等极限位置上的点以及曲面轮廓线上的点,它们能帮助看出相贯线的分布范围,并判断其可见性。

(1)利用积聚性求相贯线

如图 3.15 所示,求两圆柱正交的相贯线。

分析:由于两圆柱面的轴线分别垂直于 H 面和 W 面,因此,相贯线的水平投影积聚在小圆柱的水平投影圆周上,相贯线的侧面投影积聚在大圆柱的侧面投影的一段圆弧上(两圆柱侧面投影共有的一段圆弧)。已知相贯线的水平投影和侧面投影,求其正面投影。

作图:

①求特殊点的投影(轮廓线上点)。Ⅰ,Ⅱ两点既在直立圆柱正面投影轮廓线上,也在水平圆柱正面投影轮廓线上,因此,两正交圆柱正面轮廓线的交点就是 1′,2′。Ⅲ,Ⅳ两点是直立圆柱侧面投影轮廓线上点,可根据 3,4 和 3″,4″,求出 3′,4′。

②求一般点的投影。根据连线需要,在相贯线的水平投影上取 5,6,7,8,根据投影关系,

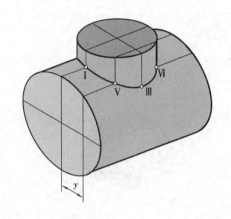

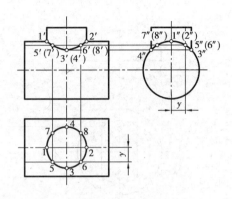

图 3.15　圆柱与圆柱正交

在相贯线的侧面投影上求出 5″,6″,7″,8″,然后求出 5′,6′,7′,8′。

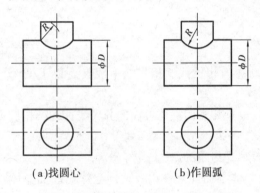

（a）找圆心　　　（b）作圆弧

图 3.16　两圆柱正交时,交线的近似画法

③光滑连线。由于相贯线前后对称,故只需光滑连接 1′ 5′ 3′ 6′ 2′,即为相贯线的正面投影。

讨论:

①两圆柱正交。两圆柱轴线垂直相交,是机器零件上最常见的情况。在实际画图中,当两圆柱的直径差别较大、并且对交线形状的准确性要求不高时,允许采用近似画法,用大圆柱的半径作圆弧来代替交线,如图 3.16 所示。

②交线的产生。交线可由下列 3 种情形相

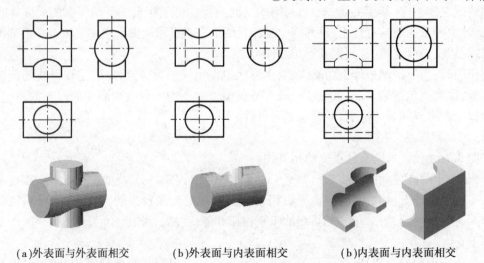

（a）外表面与外表面相交　　　（b）外表面与内表面相交　　　（b）内表面与内表面相交

图 3.17　圆柱与圆柱相交的 3 种情况

交产生:两圆柱的外表面相交,如图 3.17(a)所示;圆柱的外表面与内表面相交,如图 3.17(b)所示;两圆柱的内表面相交,如图 3.17(c)所示。

将图 3.17 中 3 种情形进行比较可知:虽然内、外表面不同,但由于相交的基本性质(表面形状、直径大小、轴线相对位置)不变,因此,在每个图上,交线的形状是完全相同的。

③交线的变化。从图 3.18(a)、(b)可知:当两圆柱正交时,若小圆柱变大,则交线的弯曲就变大,但交线的性质没有改变,还是两条空间曲线,它们的正面投影仍是曲线。但当两圆柱的直径相等时,则由量变引起质变,此时交线从两条空间曲线变为两条平面曲线(椭圆),它们的正面投影成为两条直线,如图 3.18(c)所示。

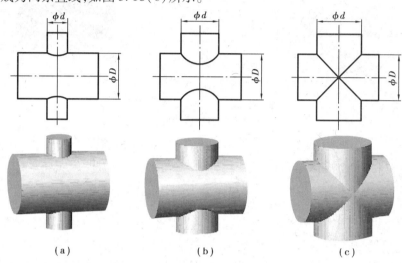

(a)　　　　　　　(b)　　　　　　　(c)

图 3.18　两圆柱正交时,交线的变化

(2)利用辅助平面求相贯线

辅助平面法是求相贯线的一般方法。如图 3.19 所示,柱面与锥面的相贯线为 MN,选一辅助平面 R,它与柱面交于 SK,与锥面交于 TK,SK 与 TK 的交点为 K(K 点为三面共点),即是两曲面相贯线 MN 上的一点。作若干个辅助平面,求得一系列这样的点,然后依次光滑连接,即为所求相贯线。

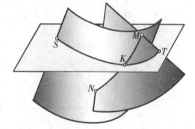

为使作图简化,选择辅助平面的原则是:应使辅助平面与两曲面交线的投影都为简单易画的图形,如由直线或圆组合而成。

图 3.19　辅助平面法示意图

如图 3.20 所示为圆柱与圆台相交,求相贯线。

分析:圆柱轴线为侧垂线,圆台轴线为铅垂线。选择水平面 P 作为辅助平面,它与圆柱面的截交线是与圆柱轴线平行的两条直线,与圆台面的截交线是一平行于水平面的圆,两直线和圆的交点 V、VI,即为相贯线上的点。

在不同位置用水平面截切相贯两立体,可得到相贯线上的一系列点。

作图:

①求特殊点的投影。由于圆柱侧面投影具有积聚性,因此,相贯线的侧面投影是圆。从相贯线的侧面投影可知:1″,2″,3″,4″是轮廓线上点的侧面投影。1′,2′和 1,2 可根据 1″,2″利用轮廓线的对应关系直接求出。3,4 和 3′,4′可根据 3″,4″利用辅助水平面求出。

②求一般点的投影。5″,6″是相贯线上一般点的侧面投影,它们的水平投影和正面投影可

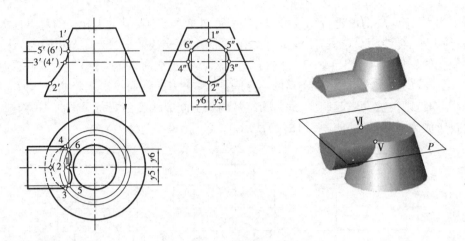

图 3.20　圆柱与圆台相交

用辅助水平面求出。如过 V，Ⅵ作一水平面 P，P 平面与圆柱面和圆台面的截交线是两条直线和一个圆，分别作截交线的水平投影，它们的交点 5，6 即为 V，Ⅵ的水平投影，由 5，6 和 5″，6″即可求出 5′，6′。

③连线并判别可见性。在正面投影中，由于相贯线前、后对称，故相贯线的前、后两部分重合，连线是用实线按 1′ 5′ 3′ 2′的顺序光滑连接。在水平投影中，圆柱上半部分的各点同时处于圆柱和圆台的可见表面上，这部分相贯线的水平投影可见，其余部分不可见。连线时，以 3，4 为界 3 5 1 6 4 用实线光滑连接，4 2 3 用虚线光滑连接，圆柱水平投影的轮廓线自左画至 3，4 点。

如图 3.21 所示为圆柱与圆球相交，求相贯线。

分析：方法与上例相同，选择水平面 P 作为辅助平面，它与圆柱面的截交线是与圆柱轴线平行的两条直线，与圆球面的截交线是一平行于水平面的圆，两直线和圆的交点，即为相贯线上的点。在不同位置用水平面截切相贯两立体，可得到相贯线上的一系列点。

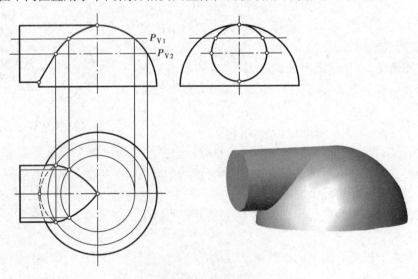

图 3.21　圆柱与圆球相交

第 **4** 章
组　合　体

4.1　三视图的形成与投影规律

4.1.1　三视图的形成

在绘制机械图样时,将物体向投影面作正投影所得的图形称为**视图**。在三面投影体系中,得到的物体的 3 个投影称为**三视图**。其正面投影称为**主视图**,水平投影称为**俯视图**,侧面投影称为**左视图**,如图 4.1 所示。

在机械图上,视图主要用来表达物体的形状,不必表达物体与投影面间的距离,因此,在绘制视图时不必画出投影轴,也不必画出投影间的连线,如图 4.1(b)所示。

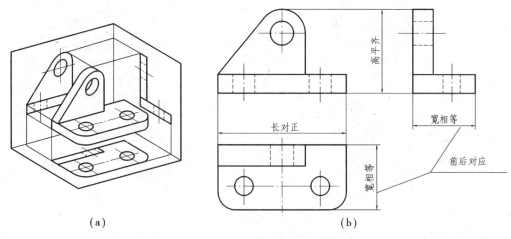

(a)　　　　　　　　　　　　　　(b)

图 4.1　三视图的形成及投影规律

4.1.2　三视图的投影规律

从图4.1中可知：

1）**主视图**　反映了物体上下、左右的位置关系，即反映了物体的高度和长度；

2）**俯视图**　反映了物体左右、前后的位置关系，即反映了物体的长度和宽度；

3）**左视图**　反映了物体上下、前后的位置关系，即反映了物体的高度和宽度。

三视图的投影规律为：

主、俯视图——长对正；

主、左视图——高平齐；

俯、左视图——宽相等，且前后对应。

三视图的"三等"关系对整个物体或其任一局部都是适用的。因此，在画图和看图时，应特别注意俯视图与左视图的前、后对应关系，这是初学者最易出错之处。

4.2　组合体的组成

4.2.1　组合体及其组成方式

任何复杂的机器零件，从形体的角度看，都是由一些简单的平面体和曲面体而组成的。由平面体和曲面体而组成的物体称为**组合体**。

组合体的组成方式可分为叠加和截切两种。如图4.2(a)所示中的支架是由圆筒Ⅰ、凸耳

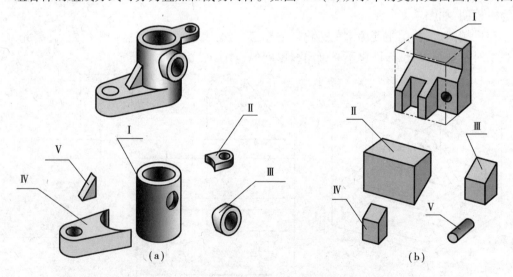

图4.2　组合体的组成方式

Ⅱ、圆柱凸台Ⅲ、底板Ⅳ和肋板Ⅴ叠加而成。如图4.2(b)所示中的导块Ⅰ，是由长方体切去Ⅱ，Ⅲ，Ⅳ块和打一孔Ⅴ而组成。

4.2.2 形体之间的表面连接关系

形体之间的表面连接关系可分为 4 种:不共面、共面、相切和相交,如图 4.3 所示。

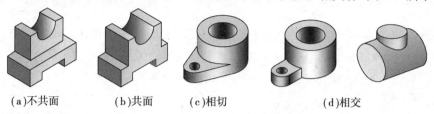

(a)不共面　　(b)共面　　(c)相切　　(d)相交

图 4.3　形体间的表面连接关系

1)当两形体的表面不共面时,中间应有线,如图 4.4(a)所示。

2)当两形体的表面共面时,中间应没有线,如图 4.5(a)所示。

3)当两形体的表面相切时,在相切处应不画线,如图 4.6(a)所示。

4)当两形体的表面相交时,在相交处应画出交线,如图 4.7(a)、(b)所示。

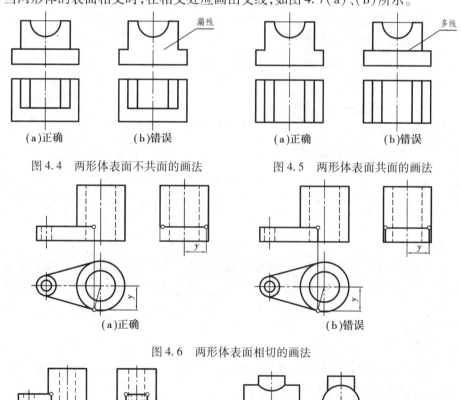

漏线

(a)正确　　(b)错误　　　　　(a)正确　　(b)错误

多线

图 4.4　两形体表面不共面的画法　　　图 4.5　两形体表面共面的画法

(a)正确　　　　　　　　　(b)错误

图 4.6　两形体表面相切的画法

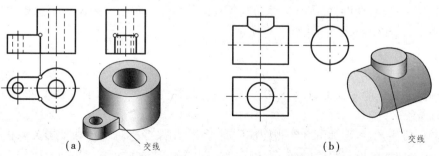

(a)　　　交线　　　　　(b)　　　交线

图 4.7　两形体表面相交的画法

4.3 组合体的画图

画组合体的视图,通常所采用的方法是形体分析法,即是按组合体的形状特点,把其分解成几个部分,分析各部分形状、它们的相对位置和表面连接关系,从而得出组合体的完整形状。

下面以如图4.8(a)所示的轴承座为例,来说明组合体的画图过程。

(1)分析形体

轴承座是用来支撑轴的。应用形体分析法,可把它分成5部分:圆筒Ⅰ、支撑板Ⅱ、底板Ⅲ、肋板Ⅳ和凸台Ⅴ,如图4.8(b)所示。

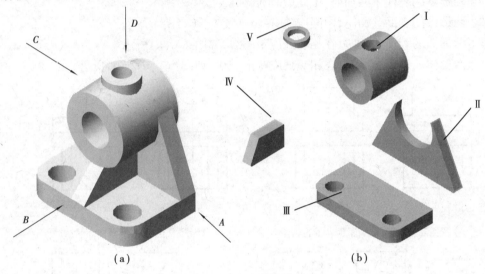

(a)   (b)

图4.8 轴承座

(2)视图选择

在3个视图中,主视图为最能反映物体形状特征的视图。在如图4.8(a)所示的A,B,C,D 4个方向中,A向或B向作为主视图都是合适的。现以A向视图作为主视图,则俯视图和左视图即可确定。

(3)画图步骤

1)布置视图

应先选择适当的比例,按图纸幅面布置各视图的位置,确定各视图中的基线、对称线以及主要形体的轴线和中心线,如图4.9(a)所示。

2)画三视图

根据形体分析法所分解的各个部分以及它们之间的相对位置,用细线逐个画出它们的各个视图。画图时,先画主要部分,后画次要部分;先画整体形状,后画细节形状,如图4.9(a)~图4.9(e)所示。

画图时,应注意:各形体的3个视图应同时画出,并保持相对位置和投影关系正确。如在绘制图4.9(b)时,底板与圆筒的前、后表面要对齐;在绘制图4.9(e)时,凸台应位于圆筒的中间。还应注意各形体之间的表面连接关系要正确,如支撑板与圆筒相切,在相切处为光滑过渡,没有交线,如图 4.9(c)所示。肋板与圆筒是相交的,因此,在圆筒的外表面与肋板之间应画出交线,如图 4.9(d)所示。

　　3)检查、加深

　　底稿完成后,应检查以下几点:各形体的投影是否都画全;各形体的相对位置是否正确,各表面连接关系是否都表达清楚。最后,擦去多余的线,按规定的线型进行加深,如图 4.9(f)所示。

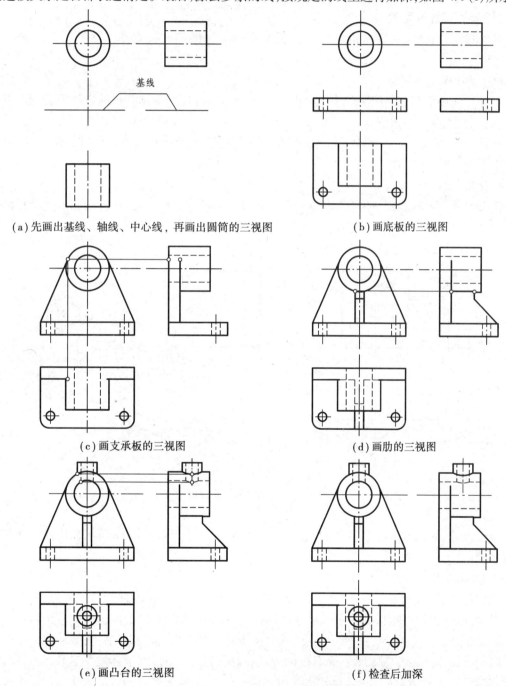

图 4.9　组合体的画图步骤

4.4　组合体的尺寸标注

组合体的尺寸标注应满足正确、完整、清晰的要求。

(1)尺寸标注要正确

尺寸标注要正确,主要是指尺寸标注要符合国家标准的有关规定。参见第 1 章的有关内容。

(2)尺寸标注要完整

尺寸标注要完整,就是要做到不遗漏,不重复。这需要应用形体分析的方法来进行。下面以支架为例,说明这一过程。

前面,已对支架进行了形体分析,由圆筒、凸台、凸耳、底板和肋 5 部分组成,在此基础上分别注出下列 3 种尺寸。

1)定形尺寸

定形尺寸,即确定零件中各基本体的形状和大小的尺寸。如图 4.10 所示标出的尺寸都是定形尺寸。

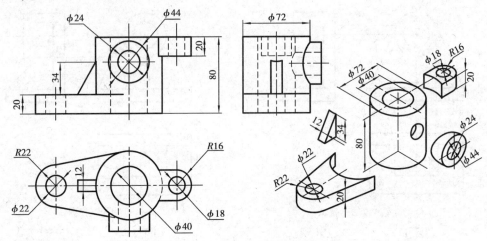

图 4.10　支架定形尺寸分析

2)定位尺寸

定位尺寸,即确定零件中各基本体之间相对位置的尺寸。如图 4.11 所示标出的尺寸都是定位尺寸。

3)总体尺寸

总体尺寸,即表示零件在长、宽、高 3 个方向总的尺寸。在最后标注总体尺寸时,有时会与定形尺寸或定位尺寸重复,即由定形尺寸和定位尺寸已确定了总体尺寸,这时则应调整尺寸标注,删去多余尺寸。如图 4.12 所示,主视图中标出的尺寸 80 为总高尺寸,但同时它也是圆柱 $\phi72$ 的定形尺寸,因此,总体尺寸就不必标注。在总长尺寸方面,由于标注了定位尺寸 52,80 以及定形尺寸 $R16$,$R22$ 后,总体尺寸也不再标注。

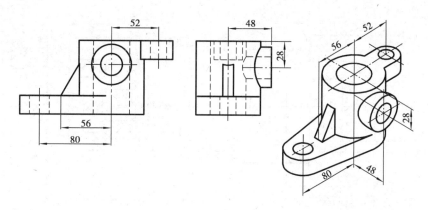

图 4.11 支架定位尺寸分析

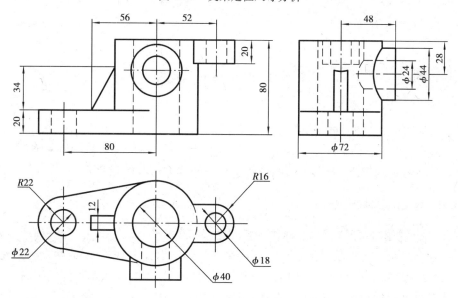

图 4.12 经过调整后的支架尺寸标注

(3)尺寸标注要清晰

尺寸标注要清晰,就是在标注尺寸时,应尽量将尺寸布置得整齐、清晰、美观,以便于看图,如图 4.13(a)所示。

下面给出一些具体要求,以供参考。

1)同一基本体的尺寸,应尽量集中标注在反映该形体特征最明显的视图上,便于在看图时查找尺寸。如图 4.12 所示的左视图中,小空心圆柱的定位尺寸 48,28 和定形尺寸 $\phi24,\phi44$ 都标注在同一视图上,便于看图时查找。

2)应尽量将尺寸标注在视图外面,尽量避免尺寸线与尺寸界限的相交,因此,相互平行的尺寸,小尺寸在内,大尺寸在外,如图 4.13(a)所示。

3)同心圆柱的直径尺寸,最好标注在非圆的视图上。而圆弧的半径尺寸应标注在反映实形的视图上,如图 4.12 所示的左视图中,同心圆柱的尺寸 $\phi24,\phi44$ 应标注在非圆的视图上,而俯视图中半径尺寸 $R22,R16$ 则应标注在反映实形的视图上。

4)内形尺寸与外形尺寸最好分别标注在视图的两侧,如图 4.13(a)所示。

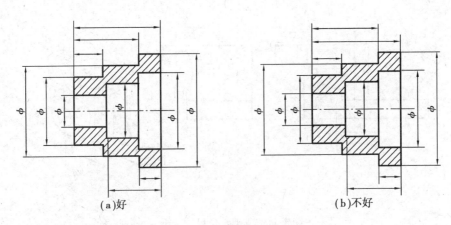

(a)好   (b)不好

图 4.13 尺寸标注布置示例

5)尺寸尽量不标注在虚线上。

4.5 组合体的看图

组合体的看图和画图一样,仍采用形体分析法。有时也采用线面分析法,来帮助看懂和想象物体的形状。画图是把空间物体用正投影的方法表达在平面上,而看图则是画图的一个逆过程,是运用正投影的原理,根据平面图形想象出空间物体形状的过程。

4.5.1 看图的基本方法

(1)把几个视图联系起来看,并抓住特征视图

在机械图中,物体的形状是通过几个视图来表达的。因此,只看一个或两个视图往往不一定能确定物体的形状。在如图 4.14 所示,若只看俯视图,物体的形状是不能确定的,不同的主视图,物体会是不同的形体。这时,主视图是特征视图,抓住主视图,就能确定物体的形状。

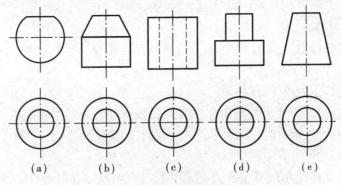

(a)   (b)   (c)   (d)   (e)

图 4.14 俯视图相同的物体

如图 4.15(a)、(b)所示,主、左两个视图完全相同,但俯视图不同,它们表示两个完全不同的形体。因此,在看图时,必须把所有视图都联系起来,并且抓住特征视图,才能确定物体的形状。

(2)应用形体分析和线面分析,分部分弄清形状

在对整体特性有所了解的基础上,应用形体分析法,将复杂形体分解成几个部分,再根据投

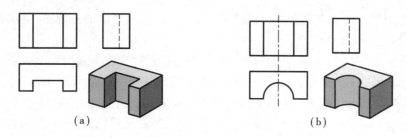

图 4.15 主、左视图相同的物体

影的"三等"关系,找出每一部分的 3 个投影,抓住其特征视图,想象出它们的形状,这种方法适用于叠加形成的组合体。对于截切形成的组合体,需要采用线面分析法来想象它们的形状。

(3)联系起来想整体

将形体的各部分形状想清楚后,联系起来想整体。这时要特别注意分析各部分相对位置及表面连接关系,要注意虚、实线所反映的相对位置,以及表面连接关系的画法。

4.5.2 看图举例

例 4.1 以图 4.16 的轴承座为例,说明看图过程中的形体分析法。

解 1)**分析线框**。从主视图入手,将轴承座分成 Ⅰ,Ⅱ,Ⅲ3 部分。

2)**对投影,想形体**。从形体 Ⅰ 的主视图出发,根据"三等"关系对投影,找出俯视图和左视图的相应投影,如图 4.16(b)所示。可看出形体 Ⅰ 是一个长方体,上部中间挖了一个半圆孔。

同样,可看出形体 Ⅱ 是一个三角形的肋板,如图 4.16(c)所示。

最后,看底板Ⅲ。俯视图反映了它的形状特征,是一个长方块,再由左视图可看出它的底部挖去一块,并钻了两个孔,如图 4.16(d)所示。

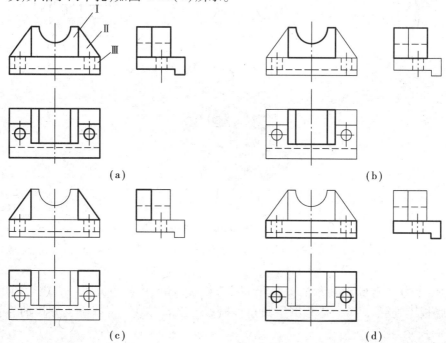

图 4.16 轴承座的看图方法

55

3)综合起来想整体。在看懂每一部分的基础上,再根据整体的三视图,弄清楚它们的相对位置,逐渐形成一个整体形状。

图 4.17　轴承座的形状

将轴承座的各部分按它们的相对位置进行组合。长方块Ⅰ在底板Ⅲ的上面中间的位置,且后平面平齐;肋板Ⅱ在Ⅰ的两边,且后平面也平齐。这样,综合起来就可得到如图 4.17 所示的空间物体的形状。

在训练看组合体视图时,经常采用已知两个视图,补画第 3 个视图的方法来进行。这是提高看图能力的一种重要的学习手段。

例 4.2　以图 4.18 支座为例,说明已知支座(见图 4.18(g))的主、俯视图,补画左视图的过程。

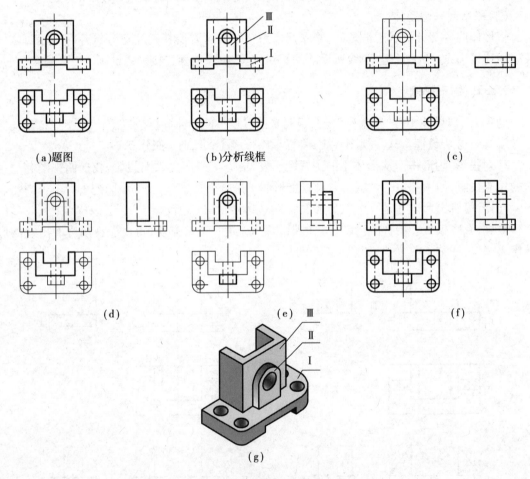

图 4.18　支座的看图及补图方法

解　应用形体分析法,从图 4.18(a)的主、俯视图可看出支座由 3 部分组成,如图 4.18(b)所示。

1)形体Ⅰ为一长方块,后部的中间开了一方槽,底部的中间也开了一方槽且与后部槽宽度相等,底板上还钻了 4 个孔并倒了圆角。根据"三等"关系,可画出长方块的左视图,如图 4.18(c)所示。

2)形体Ⅱ也是一个长方块,后部的中间开了一方槽,如图 4.18(d)所示。

3)凸台Ⅲ,主视图反映了它的形状特征,是一个顶部为半圆形,并在中间有一个通孔的凸台,如图4.18(e)所示。

4)把以上3个形体组合起来,就得到该支座完整的三视图,如图4.18(f)所示。

通常看某些物体的视图时,在运用形体分析的基础上,对不易看懂的局部,还要结合线、面的投影进行分析。如分析物体上某条线、某个面的投影特性,即分析它是一个什么位置的线或面,这样来帮助看懂和想象这些局部的形状,这种方法称为线面分析法。在看图和补图的过程中,通常形体分析和线面分析这两种方法是同时进行的。

例4.3 以图4.19的压块为例,说明看图过程。

解 1)先分析整体形状。由压块的主视图和俯视图可知,它是由长方体进行截切、钻孔后得到的,因此,它的基本形体是长方体,利用"三等"关系先将左视图的长方形画出来。从主视图的虚线和俯视图两个同心圆可知,长方体中部挖了一个阶梯孔,用虚线将阶梯孔的侧面投影画出来,如图4.19(a)所示。

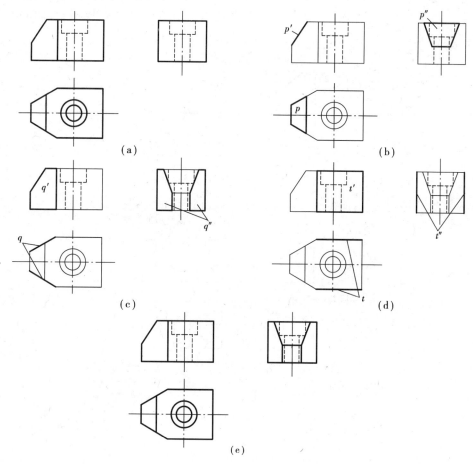

图4.19 压块的看图及补图方法

2)进一步分析具体结构。

①看图4.19(b):主视图的左上角用正垂面 p' 切去一块,在俯视图上可得到正垂面的水平投影 p,如图4.19(b)所示的梯形平面,它是平面 P 的类似形,因此,侧面投影也应是平面 P 的类似形,即为梯形。根据"三等"关系,可将此梯形画出来。

②看图 4.19(c):俯视图前后也被平面 q 所截切,Q 为铅垂面,它的正面投影为如图 4.19(c)所示的五边形,为 Q 平面的类似形,则它的侧面投影也是五边形,根据对应关系将左视图上左右两个五边形画出来。

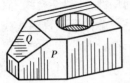

③看图 4.19(d):主视图上长方形 t',俯视图上积聚成直线 t,因此,T 平面为一正平面。它的侧面投影为铅垂线 t''。

3)通过上述分析,即从形体上,又从线、面的投影上,弄清了压块每一部分的形状,这样就可想象出压块的整体形状,如图 4.20 所示。最后将左视图中不要的辅助线擦去,要的线加深,如图 4.19(e)所示,即完成看图和画图的过程。

图 4.20 压块的形状

例 4.4 已知如图 4.21(a)所示物体的主、左两视图,补画俯视图。

解 由图 4.21(a)可知,该物体的基本形体是长方体。它的左视图右上方切去一块三角形,即长方体被切掉一个三棱柱;主视图中部切去一个梯形,即长方体中部切去一个梯形四棱柱槽;从主、左视图的虚线部分可知长方体的后部切去一个四棱柱槽。补画俯视图的具体步骤,如图 4.21(b)、(c)、(d)所示。

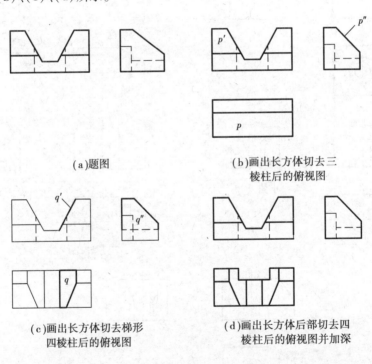

(a)题图

(b)画出长方体切去三棱柱后的俯视图

(c)画出长方体切去梯形四棱柱后的俯视图

(d)画出长方体后部切去四棱柱后的俯视图并加深

图 4.21 补画俯视图的步骤

第 **5** 章
机件常用的表达方法

在工程实际中,机件的形状和结构是多种多样的。如果仅用前面所述的3个视图,则会出现表达重复、虚线过多等现象,难以把它们的形状准确、完整、清晰地表达出来。为此,国家标准《技术制图》(GB/T 17451—1998,GB/T 17452—1998,GB/T 17453—1998)中规定了各种表达方法。在绘制工程图样时,应选用适当的表达方法,用尽可能少的视图,将机件的内部、外部形状和结构表达清楚。本章将介绍视图、剖视图和断面图等常用表达方法的画法。

5.1 视 图

视图是机件在多面投影体系中向投影面作正投影所得到的图形。主要用于表达机件的外部形状,一般只画出机件的可见部分,必要时才画出其不可见部分(即虚线应尽量少画)。视图通常有基本视图、向视图、局部视图和斜视图。

5.1.1 基本视图

机件向基本投影面投影所得的视图称为基本视图。

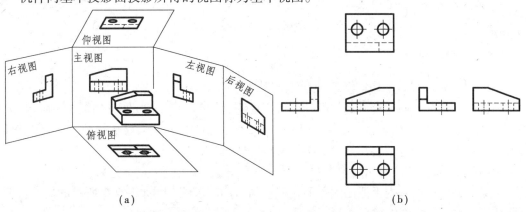

(a)　　　　　　　　　　　(b)

图5.1　6个基本视图

59

基本投影面规定为正六面体的6个面。将机件放置在正六面体中,分别从前、后、左、右、上、下6个方向向基本投影面投影,所得到的视图,即为6个基本视图。6个基本投影面的展开方法如图5.1(a)所示,展开后的视图位置如图5.1(b)所示。

6个基本视图的名称和投影方向如下:

主视图——由前向后投影所得到的视图;

俯视图——由上向下投影所得到的视图;

左视图——由左向右投影所得到的视图;

右视图——由右向左投影所得到的视图;

仰视图——由下向上投影所得到的视图;

后视图——由后向前投影所得到的视图。

当6个基本视图的位置按如图5.1(b)所示布置时,一律不标注视图名称。画图时应尽量按该位置配置视图。

6个基本视图的方位对应关系,仍遵守"三等"规律,即:主、俯、仰、后视图长相等,主、左、右、后视图高平齐,左、右、俯、仰视图宽相等。

5.1.2 向视图

当基本视图不能按如图5.1(b)所示布置时,可将其配置在适当位置,并在视图的上方标出视图的名称"×"(其中"×"为大写拉丁字母),在相应的视图附近用箭头指明投影方向,并注上同样的字母"×",如图5.2所示。这种可自由配置的视图称为向视图。

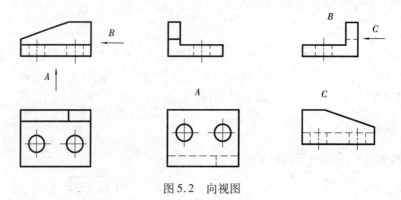

图5.2 向视图

5.1.3 局部视图

将机件的某一部分向基本投影面投影所得的视图称为局部视图。

当机件在某个方向上仅有局部的外形需要表达时,可采用局部视图。如图5.3所示,机件的主要结构已在主、俯两个视图上表达清楚,只有两侧的凸台形状未表达清楚,这时采用两个局部视图就能完全清楚地表达凸台的结构,并且视图简练,避免重复。

画局部视图时,应注意以下两点:

①局部视图可按基本视图的配置形式配置,此时可省略标注,如图5.3所示的局部视图 A 可不标注。也可按向视图的配置形式配置,如图5.3所示的局部视图 B。

②局部视图的断裂边界用波浪线或双折线表示,如图5.3所示的局部视图 A,但当所表示

的局部结构是完整的,且外轮廓线又成封闭时,波浪线可省略不画,如图 5.3 所示的局部视图 *B*。

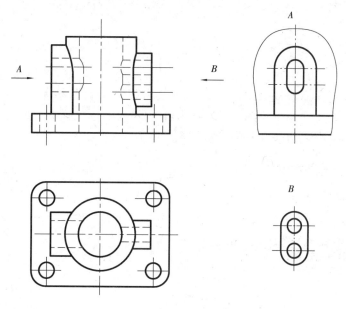

图 5.3　局部视图

5.1.4　斜视图

将机件向不平行于任何基本投影面的平面投影所得的视图称为斜视图。

当机件上有与基本投影面处于倾斜位置的结构需要表达,在基本投影面上的投影不能反映实形时,可用一个与倾斜结构平行的辅助投影面,将倾斜结构向该面投影,所得到的图形称为斜视图,如图 5.4(a)所示。

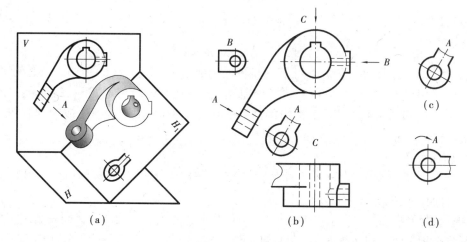

图 5.4　斜视图

斜视图只用来表示倾斜结构,其他部分不必画出,用波浪线画断裂边界。画斜视图时,必须在视图的上方标出"×",并在相应的视图附近用箭头指明投影方向,并注上同样的字母,如图 5.4(b)所示。必要时,可配置在其他位置,如图 5.4(c)所示,还可旋转配置,旋转后的斜视图的标注形式为"×⌒",如图 5.4(d)所示。

5.2 剖 视 图

当机件的内部形状较复杂时,在视图上就会出现很多虚线,给标注尺寸和看图带来诸多不便。为了使机件上原来不可见的内形转化为可见的结构,国家标准《技术制图》中规定了表达机件内部结构和形状的方法——剖视图。

5.2.1 剖视的基本概念

(1)剖视图的形成

假想用剖切面剖开机件,将处于观察者和剖切面之间的部分移去,而将其余部分向投影面投影所得到的图形,称为剖视图,简称剖视。

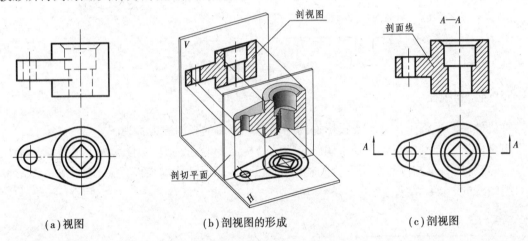

(a)视图　　　　(b)剖视图的形成　　　　(c)剖视图

图 5.5　剖视图的基本概念

如图 5.5(a)所示,主视图用虚线表达机件的内部结构。图 5.5(b)用一假想的剖切平面,沿机件的对称中心线将机件剖开,移去前半部分,将剩余部分向 V 面投影,得到剖视的主视图,如图 5.5(c)所示。原来不可见的内部结构转化为可见,视图中的虚线成为剖视图中的实线,使表达更为清晰。

(2)剖面符号

剖切面与机件接触的部分(有实体的部分)称为剖面区域。剖面区域应画上规定的剖面符号。各种材料的剖面符号如表 5.1 所示。

金属材料的剖面符号用与水平线成 45°的相互平行的细实线画出。在同一金属零件的零件图中,各个剖视图的剖面线方向、间隔应一致。

当图中的主要轮廓线与水平线成 45°时,该图形的剖面线应画成与水平线成 30°或 60°的平行线,其倾斜的方向仍与其他图形的剖面线一致。

表 5.1　剖面符号（GB/T 17453—1998）

材料类型及说明	剖面符号	材料类型及说明	剖面符号
金属材料 （已有规定剖面符号者除外）		木质胶合板 （不分层）	
线圈线组元件		基础周围的泥土	
转子、电枢、变压器和 电抗器的叠钢片		混凝土	
非金属材料 （已有规定剖面符号者除外）		钢筋混凝土	
砂型,填砂,粉末冶金,砂轮, 陶瓷刀片,硬质合金刀片等		砖	
玻璃及供观察用的其他透明材料		格　网 （筛网,过滤网）	
木　材　纵剖面		液　体	
木　材　横剖面			

（3）剖视图的标注

为了便于看图,在画剖视图时,应将剖切位置、投影方向和剖视图名称标注在相应的视图上。如图 5.5（c）所示标注的内容有以下 3 项:

1）剖切符号　表示剖切平面位置。在剖切面的起、迄和转折处画上短的粗实线（线宽为 $1 \sim 1.5d$，d 为粗实线的宽度,长约 5 mm）,且尽可能不要与图形的轮廓线相交。

2）箭头　表示剖切后的投影方向,画在起、迄处剖切符号的两端。

3）剖视名称　在剖视图的上方用大写字母标出剖视图的名称"×—×",并在起、迄处剖切符号的外侧标注上同样的字母"×"。如果在同一张图上,同时有几个剖视图,则其名称应按字母顺序排列,不得重复。

但在下列情况下,剖视图的标注可简化或省略:

①当剖视图按投影关系配置,中间又没有其他图形隔开时,可省略箭头,如图 5.7 所示 A—A 剖视。

②当剖切平面通过机件的对称平面,且剖切后的剖视图按投影关系配置,中间又没有其他图形隔开时,可不必标注。如图 5.6（b）所示属于这种情形,因此,在实际画图时可以不必标注。

（4）画剖视图应注意的问题

1）剖切平面一般应通过机件的对称平面或轴线,并应平行或垂直于某一投影面。

2）剖视图是在作图时假想地把机件切开而得到的,实际的机件并没有缺少一块,因此,在

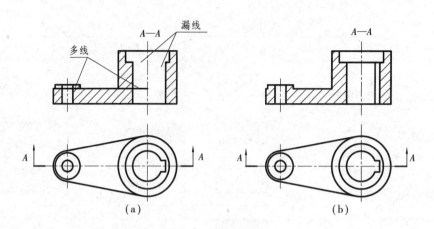

图 5.6　剖视图的画法

一个视图上取剖视后,其他视图不受影响,仍按完整的机件画出,如图5.6(b)所示的俯视图。

3)剖切平面后方的可见部分必须全部画出,不能遗漏。在如图5.6(a)所示漏画了台阶面的投影线和键槽的轮廓线。这种情形在初学时经常出现,应注意防止。

4)在剖视图上,对于已经表示清楚的结构,其虚线可省略不画。即在一般情况下,剖视图中不画虚线。

5.2.2　剖视图的种类

剖视图按剖切范围可分为全剖视图、半剖视图和局部剖视图。

1)**全剖视**　用剖切面将机件完全切开所得的剖视图称为全剖视图。

全剖视主要适用于内形复杂、外形简单的机件。

如图5.5(a)所示为一内形较复杂、外形较简单的机件。现假想用剖切平面沿机件的前后对称面将它完全剖开,移去前面部分,把余下部分向 V 面投影,便可得到该机件的全剖主视图,如图5.5(b)所示。

2)**半剖视图**　当机件具有对称平面时,向垂直于对称平面的投影面上的投影,用对称中心线为分界线,一半画成剖视图,另一半画成视图,该图形称为**半剖视**,如图5.7所示。

半剖视图主要适用于内、外形状都需要表示的对称机件。但当机件的形状接近对称,且不对称部分已另有图形表达清楚时,也可画成半剖视。由于半剖视的图形对称,因此,表示外形的视图中的虚线可不画出。

半剖视的标注规则与全剖视相同。在图5.7中,对于半剖的主视图,由于剖切平面与机件的前后对称面重合,剖视图按投影关系配置,中间又没有其他图形隔开,因此,可省略标注。

在半剖视的俯视图中,因剖切平面不与对称面重合,在图上需标出剖切位置和剖视名称。由于俯视图的半剖视按投影关系配置,中间又没有其他图形隔开,因此,可省略箭头。

3)**局部剖视**　用剖切面局部地剖开机件所得的剖视图称为局部剖视,如图5.8所示。

局部剖视图主要适用于机件上局部的内部结构需要表达,而不必(或不宜)作全剖或半剖的情形。

画局部剖视图时,以波浪线作为剖视部分与未剖部分的分界线。画波浪线时应注意以下3点:

①波浪线不应与图形的轮廓线重合。

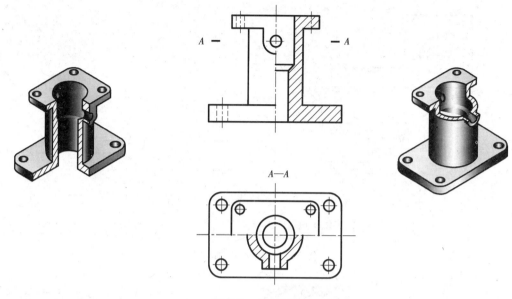

图 5.7　半剖视图

②波浪线只能画在机件的实体部分,遇孔、槽等中空结构应断开。

③波浪线不应超出机件的实体部分,如图 5.9 所示。

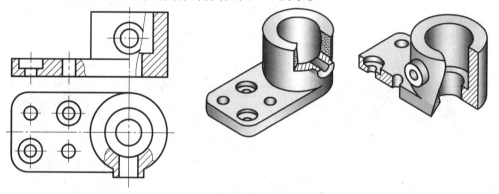

图 5.8　局部剖视图

5.2.3　剖切面的种类

根据机件的内部结构不同,国家标准规定了可选择以下几种剖切面来剖切机件。

(1)单一剖切面剖切

前面介绍的全剖、半剖、局部剖采用的都是平行于某一基本投影面的单一剖切面。

当机件上有倾斜部分的内形,在基本投影面上的投影不能反映实形时,可用与基本投影面倾斜的平面剖切,再投影到与剖切平面平行的辅助投影面上,如图 5.10 所示。

画这种剖视图时,除应按剖视的画法画出剖面线外,其图形的配置和标注与斜视图相同。

(2)用几个平行的剖切平面剖切

当机件的内部结构层次较多,用一个剖切平面不能同时剖到,可用几个平行于投影面的剖切平面依次地把它们切开,如图 5.11(a)所示。

用几个平行的剖切平面剖切时,必须进行标注。标注时,在剖切平面的起讫和转折处画

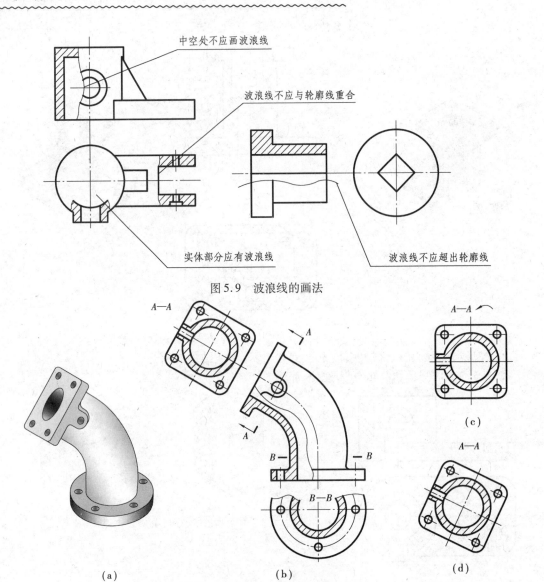

中空处不应画波浪线

波浪线不应与轮廓线重合

实体部分应有波浪线

波浪线不应超出轮廓线

图5.9 波浪线的画法

A—A

A

A

B —— B

B—B

(a)

(b)

A—A

(c)

A—A

(d)

图5.10 单一剖切面剖切

上剖切符号,用箭头表示投影方向并标上字母,在相应的剖视图上方以相同的字母"×—×"标注剖视图的名称,如图5.11(a)所示。

当剖视图按投影关系配置,中间又无图形隔开时,可省略箭头。如剖切符号转折处位置有限时,可省略字母。

画这种剖视图时,要注意以下几点:

①两个剖切平面的转折处不应画出界线,如图5.11(b)所示。

②剖切平面的转折处不应与图形中的轮廓线重合,如图5.11(b)所示。

③在剖视图上不应出现不完整的要素。

(3)用几个相交的剖切平面剖切

用两相交的剖切平面(交线垂直于某一基本投影面)剖切机件,并将被倾斜平面切着的结构要素及其有关部分旋转到与选定的基本投影面平行,再进行投影,如图5.12所示。

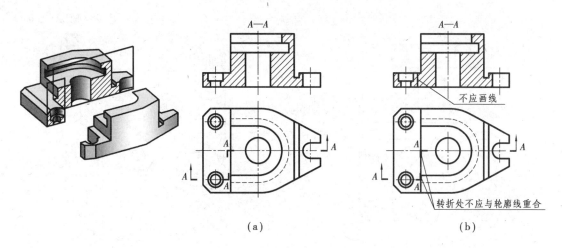

图 5.11　几个平行的剖切面剖切

　　这种剖视主要用于表示回转体机件上孔、槽的形状和分布情形,也可用于具有一个回转中心的非回转面机件。

　　在画剖视时,应在剖视图上方标注"×—×",在剖切平面的起讫和转折处画上剖切符号,用箭头表示投影方向并标上相同的字母。但当转折处地位有限,又不致引起误解时,允许省略字母。

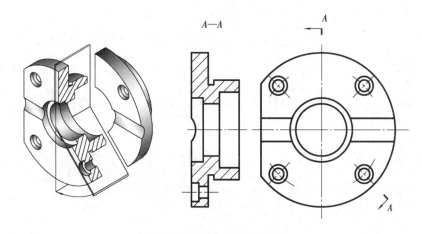

图 5.12　相交剖切平面剖切

(4)用组合的剖切平面剖切

　　当以上各种剖切方法都不能简单而又集中地表示出机件的内形时,可把它们组合起来剖切,如图 5.13、图 5.14 所示。

　　在画剖视图时,剖切位置、投影方向和剖视名称必须全部标注。图 5.14 是把剖切平面展开成同一平面后再投影的,这时的标注形式为"×—×"展开。

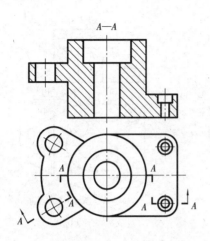

图 5.13 组合的剖切平面剖切(1)

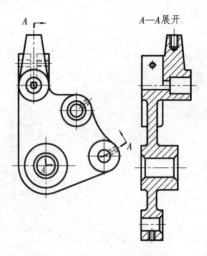

图 5.14 组合的剖切平面剖切(2)

5.3 断面图

5.3.1 基本概念

假想用剖切平面把机件的某处切断,只画出断面的图形,并画上断面符号,这种图形称为**断面图**,简称**断面**。

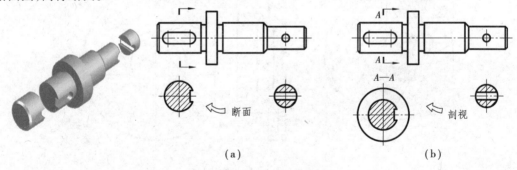

图 5.15 断面图及其与剖视的区别

如图 5.15(a)所示轴的左端有一键槽,右端有一圆孔,在主视图上能表示它们的形状和位置,但不能表达其深度。此时,可假想用两个垂直于轴线的剖切平面,分别在键槽和孔的轴线处将轴剖开,然后画出剖切处断面的真实形状。从这两个断面图上可清楚地表示出键槽的深度和轴右端的孔是一通孔。

断面图与剖视图的区别在于:断面是机件上剖切处断面的投影。而剖视则是剖切后机件的投影,因此,除了画出断面形状外,还要画出其余部分的投影,如图 5.15(b)所示。

断面常用来表达机件上某一局部的断面形状,例如,机件上的肋、轮辐,轴上的键槽和孔等。

5.3.2　断面的种类

根据断面图在绘制时所配置的位置不同,断面可分为移出断面和重合断面两种。

1)**移出断面**　画在视图外面的断面称为**移出断面**。

移出断面的轮廓用粗实线画出,并应尽量配置在剖切位置的延长线上,如图 5.15(a)所示。必要时,也可将移出断面配置在其他适当位置,如图 5.16 所示。

画移出断面时,应注意如下:

①当剖切平面通过回转面形成的孔或凹坑的轴线时,这些结构应按剖视绘制,如图 5.16 所示的 *B—B* 断面。

②当剖切平面通过非圆孔,会导致出现分离的两个断面时,这些结构应按剖视绘制,在不致引起误解时,允许将图形旋转画出,但在所画断面图上必须以旋转符号"⌒"表示,如图5.17 所示。

③由两个或多个相交平面切出的移出断面,在中间部分应断开,如图 5.18 所示。

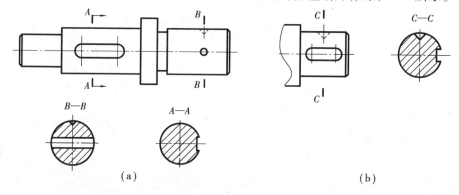

图 5.16　移出断面的配置与标注

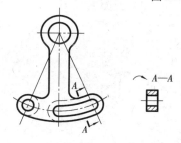

图 5.17　旋转后的移出断面

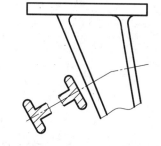

图 5.18　两个相交断面的画法

2)**重合断面**　画在视图里面的断面称为**重合断面**。只有当断面形状简单,且不影响图形清晰的情况下,才采用重合断面。

重合断面的轮廓线用细实线绘制。当视图的轮廓线与重合断面的图形重叠时,视图的轮廓线仍须完整画出,不可间断,如图 5.19 所示。

5.3.3　断面的标注

1)移出断面一般应用剖切符号表示剖切位置,用箭头表示投影方向,并标注字母,在断面

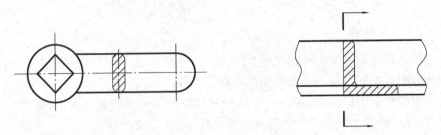

图 5.19　重合剖面

图的上方用同样的字母标出相应的名称"×—×",如图 5.16 所示。

2)当移出断面配置在剖切位置延长线上时,若断面图对称,则可不标注;若断面图不对称,则只可省略字母,如图 5.15(a)所示。

3)当移出断面配置在其他位置上时,若断面图对称,则可省略箭头;若断面图不对称,则应全标注,如图 5.16 所示。

5.4　局部放大图及简化画法

5.4.1　局部放大图

当机件局部结构图形过小,不便于清晰表达和标注尺寸,可将该部结构用大于原图形所采用的比例画出的图形,称为**局部放大图**。

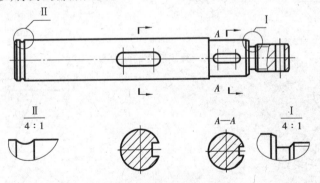

图 5.20　局部放大图

局部放大图可画成视图、剖视、断面,它与被放大部位的表达方式无关。局部放大图应尽量画在被放大部位的附近。

画局部放大图时,一般应用细实线圈出被放大的部位。当同一机件上有几个被放大的部位时,必须用罗马数字依次标明被放大的部位,并在局部放大图的上方标注出相应的罗马数字和所采用的比例,如图 5.20 所示。

5.4.2　规定及简化画法

常用的规定及简化画法如表 5.2 所示,以供绘图时参考。

表 5.2　简化画法

图　例	说　明	图　例	说　明
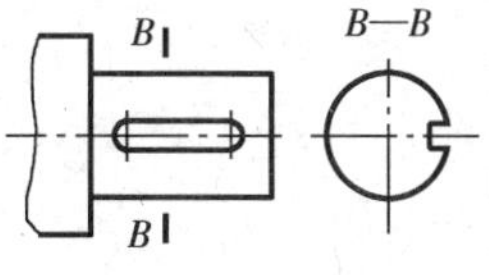	在不致引起误解时,零件图中的移出断面,允许省略断面符号。但断面位置和断面图的标注必须遵照原来的规定	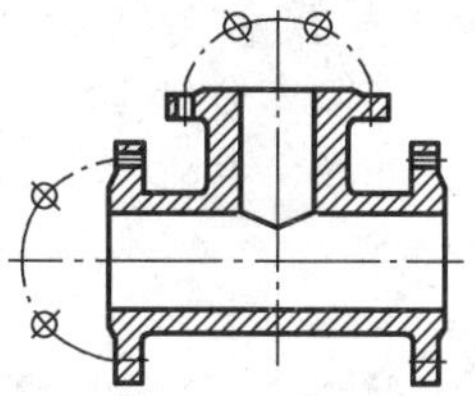	圆形法兰和类似零件上均匀分布的孔可按图示的方法表示(由机件外向该法兰端面方向投影)
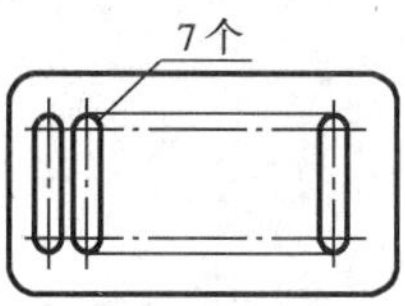	当机件具有若干个相同结构(齿、槽等),并按一定规律分布时,只需画出几个完整的结构,其余用细实线连接,在零件图中则必须注明该结构的总数	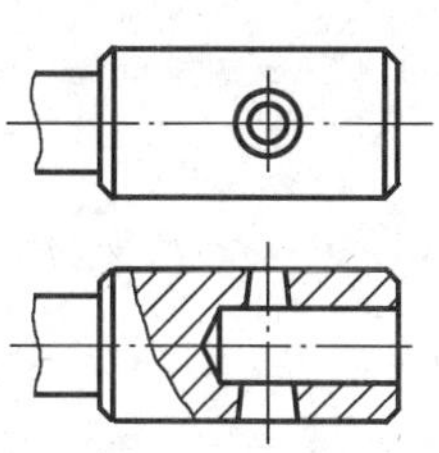	类似图例所示机件上较小的结构,如在一个图形中已表示清楚时,其他图形可简化或省略
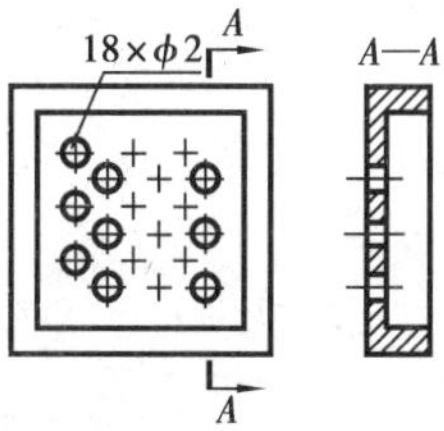	若干个直径相同且成规律分布的孔(圆孔、螺孔、沉孔等),可仅画一个或几个,其余只需用点画线表示其中心位置,在零件图中应注明孔的总数	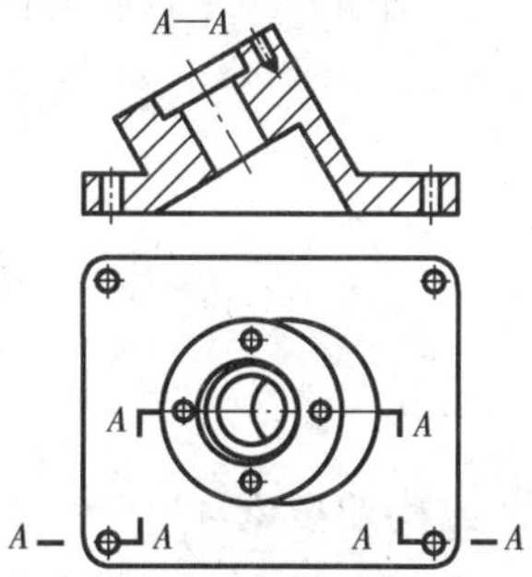	与投影面倾斜角度小于或等于30°的圆或圆弧,其投影可用圆或圆弧代替
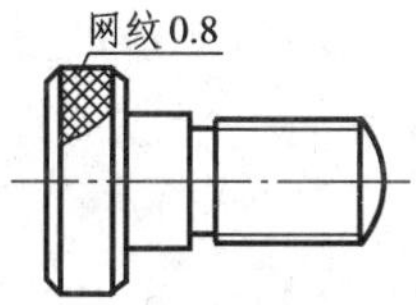	网状物、编织物或机件上的滚花部分,可在轮廓线附近用细实线示意画出,并在零件图上或技术要求中注明这些结构的具体要求	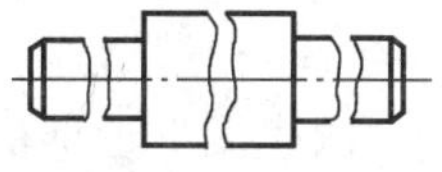	较长的机件(轴、杆、型材、连杆等)沿长度方向的形状一致或按一定规律变化时,可断开后缩短绘制
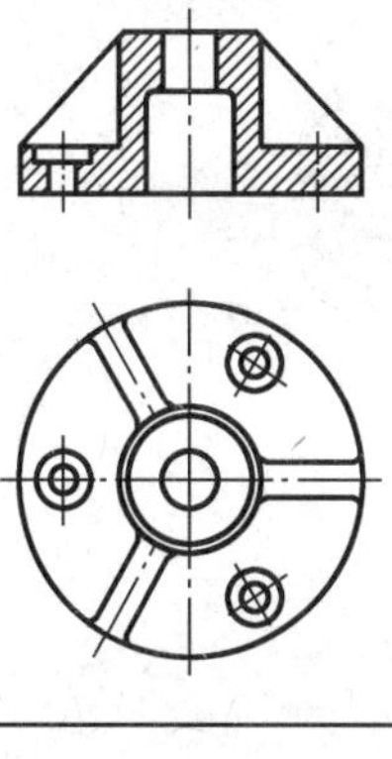	对于机件的肋、轮辐及薄壁等,如从纵向剖切,这些结构都不画剖面符号,而用粗实线将它与其邻接部分分开。当零件回转体上均匀分布的肋、轮辐、孔等结构不处于剖切面上时,可将这些结构旋转到平面上画出	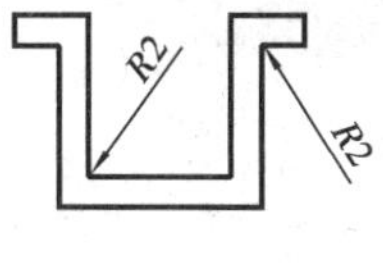	在不致引起误解时,零件中的小圆角,锐边的小倒圆或45°倒角允许省略不画,但必须注明尺寸或在技术要求中加以说明

第 **6** 章
标准件和常用件

在机器中,有些大量用于联接、传动、支撑、紧固的零件,如螺钉、螺栓、螺母、键、销、齿轮、轴承等。因用量很大,为制造和使用方便,国家标准将其中有些零件的结构和尺寸均已标准化,称为标准件,如螺栓、键;有些零件的结构和参数部分标准化,称为常用件,如齿轮、弹簧。本章将主要介绍螺纹、螺纹紧固件、齿轮、键、销的画法及标注。

6.1 螺 纹

6.1.1 螺纹的形成、结构和要素

(1)螺纹的形成

一平面图形(如三角形、梯形、锯齿形)在圆柱或圆锥表面上沿螺旋线运动所形成的螺旋体,具有相同轴向断面的连续凸起和沟槽,称为螺纹。在圆柱(或圆锥)外表面上形成的螺纹称为**外螺纹**,在圆柱(或圆锥)内表面上形成的螺纹称为**内螺纹**。

常见的螺纹加工方法如图 6.1 所示。

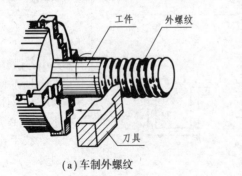

(a)车制外螺纹　　　　　　　　　　(b)车制内螺纹

图 6.1　螺纹的加工方法

(2)螺纹的结构要素

1)**牙形**　在通过螺纹轴线的断面上,螺纹的轮廓形状称为螺纹牙形。其牙形有三角形、

72

梯形、锯齿形等,不同的螺纹牙形有不同的用途。

2)**直径** 外螺纹牙顶或内螺纹牙底所在假想圆柱面的直径称为螺纹大径,内螺纹用 D 表示,外螺纹用 d 表示,是螺纹的公称直径;外螺纹牙底或内螺纹牙顶所在假想圆柱面的直径称为螺纹小径,内螺纹用 D_1 表示,外螺纹用 d_1 表示;在大径与小径之间,母线通过牙形上沟槽和凸起宽度相等处的假想圆柱面的直径称为螺纹中径,内螺纹用 D_2 表示,外螺纹用 d_2 表示,如图 6.2 所示。

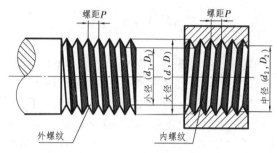

图 6.2 螺纹的直径

3)**线数** n 螺纹有单线和多线之分,圆柱面上只有一条螺旋体时称为单线螺纹,有两条或两条以上螺旋体则称为多线螺纹,如图 6.3 所示。

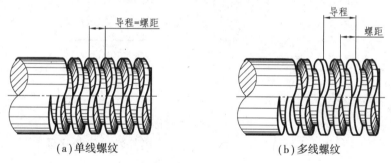

(a)单线螺纹 (b)多线螺纹

图 6.3 螺纹的线数

4)**螺距** P **和导程** S 螺纹上相邻两牙对应点的轴向距离称为螺距,同一线上相邻两牙对应点的轴向距离称为导程。其中,导程 = 螺距×线数。

5)**旋向** 螺纹有左旋和右旋两种,螺纹的左旋和右旋如图 6.4 所示,而以右旋螺纹使用较多。

6.1.2 螺纹的规定画法

(1)外螺纹画法

外螺纹牙顶用粗实线表示,牙底用细实线表示,并在倒角和倒圆部分也应画出,螺纹的终止线用粗实线表示。

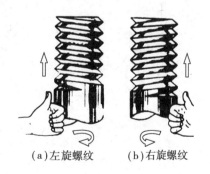

(a)左旋螺纹 (b)右旋螺纹

图 6.4 螺纹的旋向

小径通常画成大径的 0.85 倍。在螺纹投影为圆的视图中,表示牙底的细实线只画出 3/4 圈,剩余的 1/4 圈空在何处不作规定,轴端倒角规定省略不画,以便更明显地表示出螺纹。剖视图中剖面线必须画到粗实线为止,如图 6.5 所示。

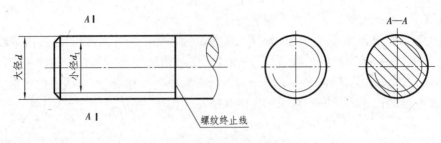

图 6.5　外螺纹的画法

（2）内螺纹画法

　　内螺纹通常采用剖视图，其牙顶用粗实线表示，牙底用细实线表示，螺纹终止线用粗实线表示，剖面线也必须画至粗实线为止。绘制非通孔的螺纹时，通常将钻孔深度和螺孔深度分别画出，钻孔深度比螺孔深度约大 $0.5D$，D 为螺纹大径。由于钻头顶部约呈 $120°$，因此，画图时钻孔底部画成 $120°$。在螺纹投影为圆的视图中，表示牙底的细实线画约 3/4 圈，螺纹孔倒角省略不画，如图 6.6(a) 所示。不可见螺纹的所有图线均按虚线绘制，如图 6.6(b) 所示。

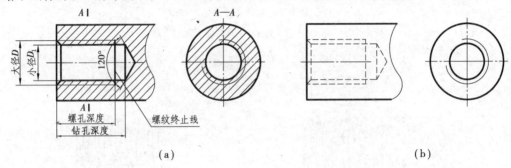

（a）　　　　　　　　　　　　　　　　（b）

图 6.6　内螺纹的画法

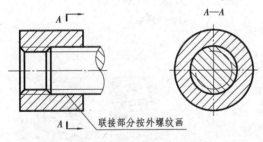

图 6.7　螺纹的联接画法

（3）内外螺纹的联接画法

　　内外螺纹联接时，其旋合部分按外螺纹的画法绘制，其余部分仍按各自画法绘制。需特别注意的是：表示内、外螺纹牙顶、牙底的粗、细实线应分别对齐，剖开后剖面线应画到粗实线为止，如图 6.7 所示。

6.1.3　螺纹的种类和标注

（1）螺纹的分类

　　螺纹按用途可分为联接螺纹和传动螺纹。

　　1）联接螺纹常用的有两种，即普通螺纹和管螺纹。其中，普通螺纹又分为粗牙普通螺纹和细牙普通螺纹。管螺纹则分为非螺纹密封的管螺纹和用螺纹密封的管螺纹。

　　联接螺纹的特点是其牙形均为三角形，其中，普通螺纹的牙形角为 $60°$，管螺纹的牙形角为 $55°$。

　　普通螺纹中粗牙螺纹和细牙螺纹的区别是：在大径相同的条件下，细牙普通螺纹的螺距比粗牙普通螺纹的螺距小。细牙普通螺纹多用于薄壁零件，而管螺纹多用于水管、油管和气管上。

2)传递螺纹用于传递运动和动力,其牙形有梯形和锯齿形等。

(2)螺纹的标注

因各种螺纹的画法相同,为区别起见,国家标准规定,还需在图上用规定的标记进行标注。螺纹的标注形式为

$$\boxed{螺纹特征代号}\ \boxed{公称直径}\ \times\ \begin{array}{c}\boxed{螺距(单线)}\\ \boxed{导程(P\ 螺距)(多线)}\end{array}\ \boxed{旋向}-\boxed{公差带代号}-\boxed{旋合长度代号}$$

1)螺纹的特征代号如表6.1所示。

2)公称直径为螺纹大径,单位为毫米(mm)。但在管螺纹的标注中,螺纹特征代号后面为尺寸代号,它是管子的内径,单位为英寸(in)。

3)旋向为右旋时不标注,为左旋时标注"LH"。

4)公差带代号指螺纹中径及顶径的公差带代号,相同时只标注一个。外螺纹用小写字母,内螺纹用大写字母。

5)旋合长度分短、中、长3种,分别用S,N,L表示,中等旋合长度N不标注。

常用螺纹的种类及标注示例,如表6.1所示。

表6.1 常用螺纹标注示例

螺纹种类及特征代号		螺纹牙形	标注示例	说 明
普通螺纹	粗牙 / 细牙 ，M	60°	M12-5g6g M12×1-6H-L	1. 螺纹的标记应标注在大径的尺寸线上或其引出线上; 2. 粗牙省略标注螺距,细牙要标出螺距
管螺纹	非螺纹密封的管螺纹 ，G	55°	G1A G1	1. 管螺纹特征代号G后的"1"为尺寸代号; 2. 外螺纹公差等级分A,B两种,需标注,内螺纹公差等级只有一种,不标注; 3. 从螺纹大径画指引线进行标注

续表

螺纹种类及特征代号		螺纹牙形	标注示例	说　明
梯形螺纹	单线	 30°	Tr40×7-7e	1. 单线螺纹只标注螺距,多线螺纹标注导程(螺距); 2. 中等旋合长度不标注,长旋合长度需标注; 3. 旋向为右旋不标注,为左旋需标注"LH"
	Tr			
	多线		Tr40×14(P7)LH	

6.2　螺纹紧固件

6.2.1　螺纹紧固件及规定标记

常用的螺纹紧固件有螺钉、螺栓、双头螺柱、螺母、垫圈等,其外形如图 6.8 所示。螺纹紧固件的结构形式及尺寸均已标准化,其标注格式为

| 标准件名称 | 标准编号 | 形式　规格尺寸 |

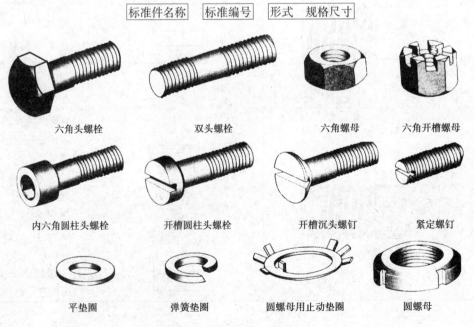

六角头螺栓　　　　双头螺栓　　　　六角螺母　　　六角开槽螺母

内六角圆柱头螺栓　开槽圆柱头螺栓　　开槽沉头螺钉　　紧定螺钉

平垫圈　　　　弹簧垫圈　　　圆螺母用止动垫圈　　圆螺母

图 6.8　常用螺纹紧固件

这些均是标准件,有规定的画法和规定的标记。因此,这些标准件一般不需单独绘制其零件图,而只需写出它们的规定标记,以表达其种类、形式及规格尺寸。根据其标记,即可在标准

中查出相应的各部分几何尺寸。

常用螺纹紧固件的规定标记,如表 6.2 所示。

表 6.2　常用螺纹紧固件的图例及标注示例

图　例	名称及规定标记	图　例	名称及规定标记
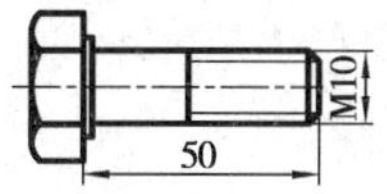	名称 六角头螺栓 标记 螺栓 GB/T 5782 M10×50	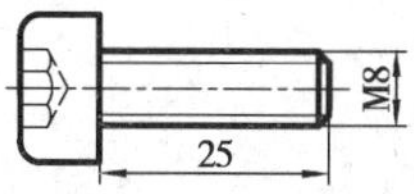	名称 内六角圆柱头螺钉 标记 螺钉 GB/T 70 M8×25
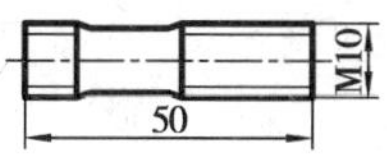	名称 双头螺柱 标记 螺柱 GB/T 899 M10×50	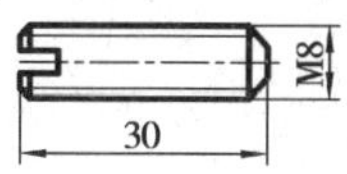	名称 开槽锥端紧定螺钉 标记 螺钉 GB/T 71 M8×30
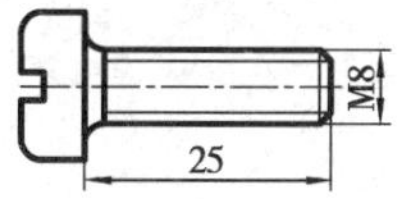	名称 开槽圆柱头螺钉 标记 螺钉 GB/T 65 M8×25	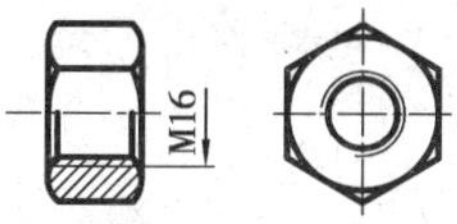	名称 Ⅰ型六角螺母 标记 螺母 GB/T 6170 M16
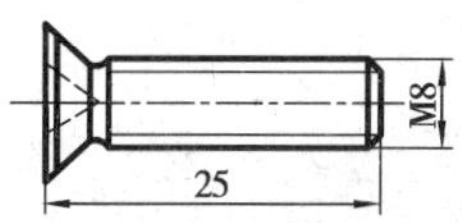	名称 十字槽沉头螺钉 标记 螺钉 GB/T 819.1 M8×25	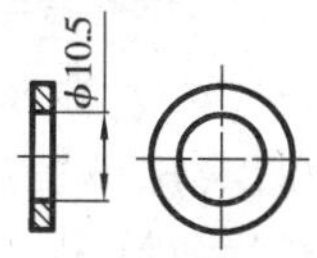	名称 平垫圈 标记 垫圈 GB/T 97.1 M10-140HV
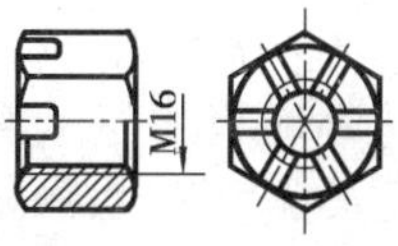	名称 Ⅰ型六角开槽螺母 标记 螺母 GB/T 6178 M16	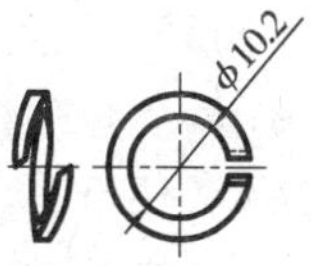	名称 弹簧垫圈 标记 垫圈 GB/T 93 10

6.2.2　螺纹紧固件的规定画法

(1)螺栓联接

1)六角螺母、六角螺栓、垫圈的画法。

螺纹紧固件的尺寸可从有关标准中查得。在绘图中,是按比例关系近似地画出图形,六角螺母、六角螺栓、垫圈均是按相应的螺纹大径 d 的比例换算得出尺寸画出的,如图 6.9 所示。

2)螺栓联接的画法。螺栓联接适用于联接两个薄的、可钻出通孔的零件,如图 6.10 所示。绘图时需注意:

①剖切平面通过螺栓轴线时,螺栓、螺母、垫圈均按不剖处理。

②两相邻的被剖零件,剖面线方向应相反或方向一致,但间距不同。

③两零件接触表面画一条线,不接触表面画两条线。

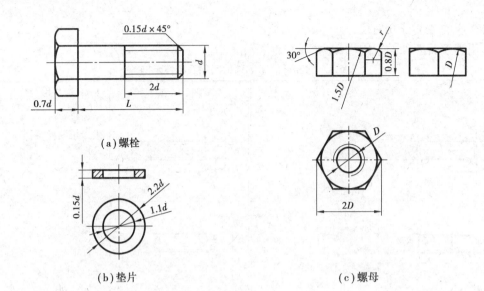

（a）螺栓

（b）垫片

（c）螺母

图6.9　螺纹紧固件的单个画法

④螺栓的有效长度按下式估算：

$$L = t_1 + t_2 + h + m + a$$

式中　t_1, t_2——两零件厚度；

h——垫圈厚度；

m——螺母厚度；

a——螺栓端部伸出高度，$a \approx 0.3d$。

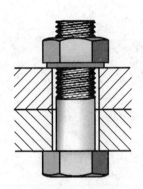

图6.10　螺栓联接

计算出 L 值后，根据螺栓有效长度系列标准，选出一个接近的长度值。因被联接件孔径要比螺纹大径大，故剖面线画到表示被联接件孔的粗实线为止。螺栓联接的画法，如图6.11所示。

（2）**双头螺柱联接**

若两个被联接件中有一个很厚，不便于加工通孔，可用双头螺柱联接。双头螺柱的两端制成螺纹，其中，一头旋入较厚的被联接件，称为旋入端，另一头用螺母拧紧，称为紧固端，其规定画法，如图6.12所示。

绘图时需注意：

①旋入零件的一端要全部拧入零件螺孔，表示螺纹已拧紧，故螺纹终止线应同零件结合面平齐。

②螺柱有效长度可按下式估算，最后查标准在长度系列中取一接近的标准长度。

$L = t($光孔零件厚度$) + s($弹簧垫圈厚度或平垫圈厚度 $h) + m($螺母高度$) + 0.3d$

③旋入端长度 b_m 与零件材料有关。钢和青铜取 $b_m = d$；铸铁取 $b_m = 1.25d$；铝取 $b_m = 1.5d$；非金属取 $b_m = 2d$。

④双头螺柱加工时被联接件的螺孔深度应大于旋入端的长度 b_m。绘图时螺孔螺纹深度为 $b_m + 0.5d$，钻孔深度为 $b_m + d$。弹簧垫圈开口槽方向与水平成70°，从左上向右下倾斜。

（3）**螺钉联接**

螺钉是直接拧入被联接件，不用螺母。它适用于不常拆卸和受力不大的场合。因头部形状不同，螺钉有很多种，如图6.13所示为开槽沉头螺钉。

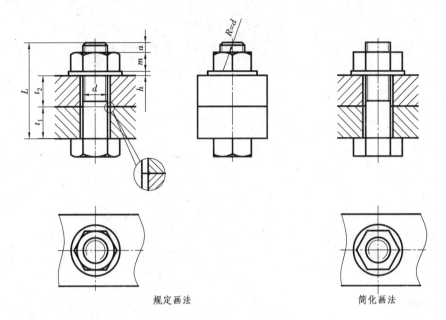

规定画法　　　　　　　　　　　　　简化画法

图 6.11　螺栓联接的画法

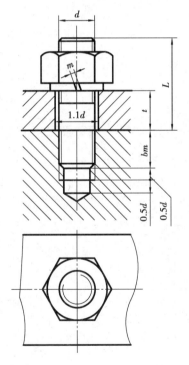

图 6.12　双头螺柱联接的画法

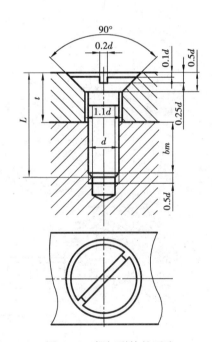

图 6.13　螺钉联接的画法

绘图时需注意：

①为表示被联接件被压紧,螺钉的终止线应高出结合面,或螺杆全长都有螺纹。

②螺钉头部的沟槽,在主视图上画正,在俯视图上画成与中心线成45°角,且沟槽的投影可涂黑表示。

③螺钉有效长度 L 按下式估算：

$$L = t + b_m$$

式中,b_m根据被旋入零件的材料而定。计算出L后按标准的长度系列选取一个与计算值L相近的标准长度。

6.3 键联接和销联接

6.3.1 键

键是用于联接的零件,通常用于联接轴和轴上的传动件,它的结构和尺寸已标准化,属于标准件。常用的键有普通平键、半圆键和钩头楔键3种,它的标记和画法,如表6.3所示。选用时,根据轴径查标准手册,选定键宽b和键高h,再根据轮毂长度选定长度L的标准值。

表6.3 常用键形式和标记

名　称	图　例	规定标记示例
普通平键 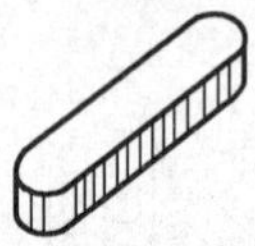	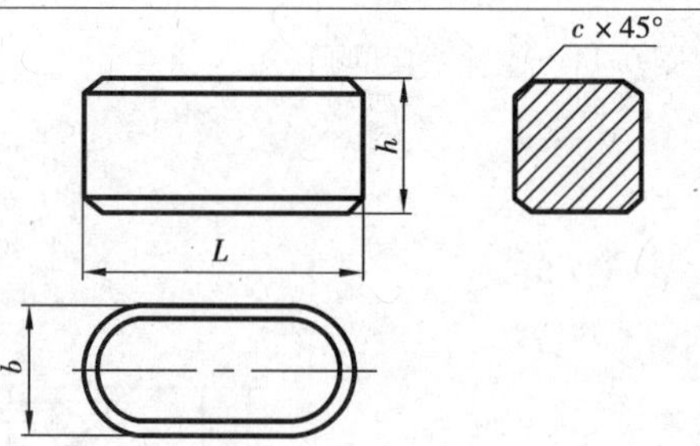	$b = 18$ mm,$h = 11$ mm,$l = 100$ mm 圆头普通平键(A型)的标记: 键　18×100　GB/T 1096—1979
半圆键 	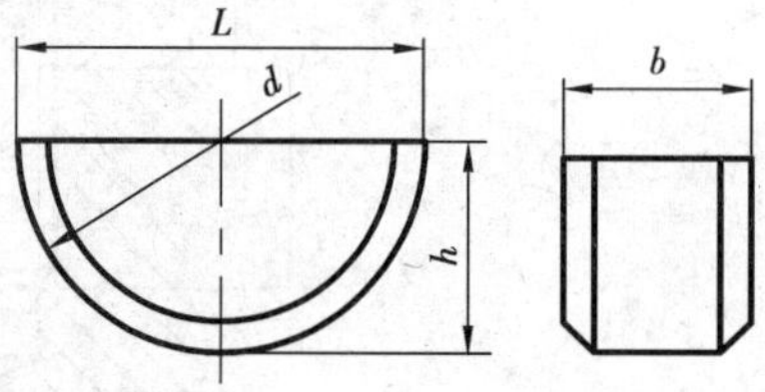	$b = 6$ mm,$h = 10$ mm,$d_1 = 25$ mm 半圆键的标记: 键　6×25　GB/T 1099.1—2003
钩头楔键 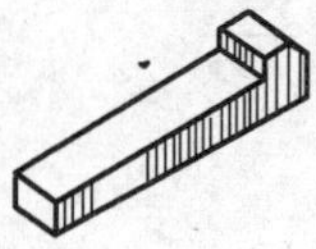	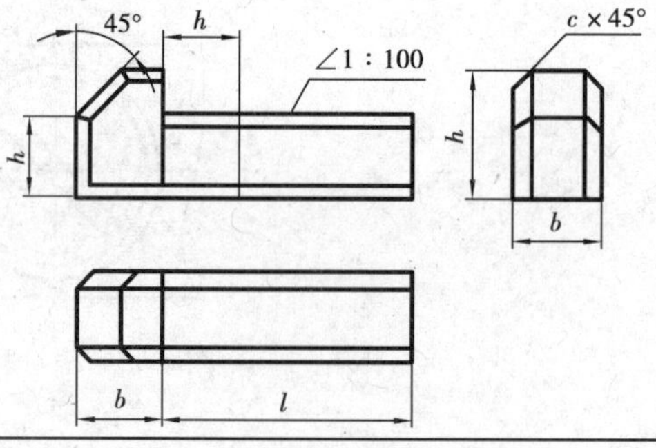	$b = 16$ mm,$h = 10$ mm,$l = 100$ mm 钩头楔键的标记: 键　16×100　GB/T 1565—2003

普通平键和半圆键的侧面是工作面,在装配图画法中,键与键槽侧面不留间隙。键的顶面是非工作面,与轮毂键槽顶面应留有间隙,如图6.14所示。

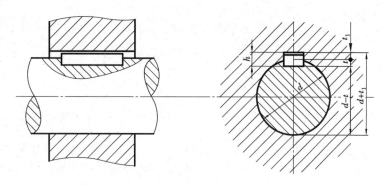

图 6.14　键的装配画法

6.3.2　销联接

销和键一样也属于标准件,它适用于联接和定位,常用的有圆柱销和圆锥销,如图 6.15 所示。其标记和画法如表 6.4 所示。

(a)圆柱销　　　　　　　(b)圆锥销　　　　　　　(c)开口销

图 6.15　常用销的形式

表 6.4　销的形式和标记

名称	形　式	规定标记及示例
圆柱销	（图）	公称直径 d = 6 mm,公差为 m6,公称长度 l = 30 mm,材料为钢,不经淬火,不经表面处理的圆柱销的标记: 销　GB/T 119.1—2000 　　6m6×30
圆锥销	A 型(磨削)　B 型(切削)（图）	公称直径 d = 10 mm,公称长度 l = 60 mm,材料为 35 钢,热处理硬度 28～38HRC,表面氧化处理的 A 型圆柱销的标记: 销　GB/T 117—2000 　　10×60

6.4　齿　轮

6.4.1　齿轮的作用及分类

齿轮是机器上常用的零件,它广泛用于传递运动和动力,为设计制造方便,它的主要参数已标准化,属于常用件。如图 6.16 所示,齿轮按传动形式分为以下 3 类:

1)圆柱齿轮　适用于两平行轴之间的传动。

2)锥齿轮　适用于两相交轴的传动。

3)蜗杆蜗轮　适用于两交错轴的传动。

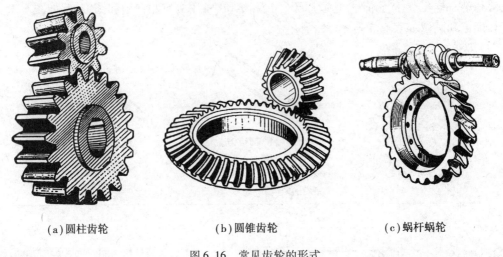

(a)圆柱齿轮　　　　　　(b)圆锥齿轮　　　　　　(c)蜗杆蜗轮

图 6.16　常见齿轮的形式

6.4.2　直齿圆柱齿轮

(1)齿轮的参数及其计算

齿轮的参数如图 6.17 所示。

1)**齿数**　表示轮齿的个数,齿数用 z 表示。

2)**分度圆**　对于标准齿轮,在齿厚和齿间相等时所在的圆称为分度圆,其直径用 d 表示。

3)**齿顶圆**　齿轮轮齿顶部所在的圆称为齿顶圆,其直径用 d_a 表示。

4)**齿根圆**　齿轮轮齿根部所在的圆称为齿根圆,其直径用 d_f 表示。

5)**分度圆齿距**　分度圆上相邻两齿对应点的弧长,称为分度圆齿距,用 p 表示。

6)**模数**　模数是齿轮的一个重要参数,用 m 表示。它的定义如下:

分度圆周长 $= zp = \pi d$,则有 $d = p/\pi \times z$　令 $p/\pi = m$,m 即为模数。为便于设计制造,齿轮模数已标准化,如表 6.5 所示。

7)**压力角**　两啮合齿轮的齿廓在接触点处的公法线(受力方向)与两分度圆的公切线(运动方向)所夹的锐角,称为齿形角,用 α 来表示。我国标准齿轮的压力角为 20°。

标准直齿圆柱齿轮的计算公式如表 6.6 所示。

表6.5 齿轮标准模数(摘自 GB 1357—87)

第一系列	1, 1.25, 1.5, 2, 2.5, 3, 4, 5, 6, 8, 10, 12, 16, 20, 25, 32, 40, 50
第二系列	1.75, 2.25, 2.75, (3.25), 3.5, (3.75), 4.5, 5.5, (6.5), 7, 9, (11), 14, 18, 22, 28, 36, 45

注:选取时,优先采用第一系列,括号内模数尽可能不用。

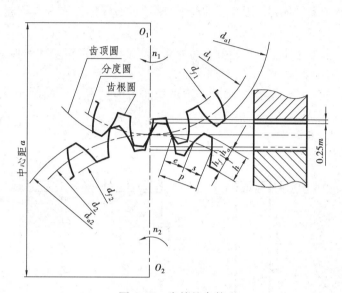

图6.17 齿轮的参数

表6.6 标准直齿圆柱齿轮几何计算式

名　　称	符　号	计　算　公　式
模数	m	按 GB 1357—87 选取
分度圆直径	d	$d = ma$
齿距	p	$p = \pi m$
齿顶高	h_a	$h_a = m$
齿根高	h_f	$h_f = 1.25m$
齿全高	h	$h = h_a + h_f$
齿顶圆直径	d_a	$d_a = m(z + 2)$
齿根圆直径	d_f	$d_f = m(z - 2.5)$
中心距	a	$a = \dfrac{1}{2}(d_1 + d_2) = \dfrac{1}{2}m(z_1 + z_2)$

(2)单个圆柱齿轮的规定画法

单个圆柱齿轮的画法,如图6.18所示。

1)在外形图上,齿顶圆和齿顶线用粗实线绘制,分度圆和分度线用细点画线绘制,齿根圆和齿根线用细实线绘制,也可省略不画。

2)在剖视图中,当剖切平面通过齿轮的轴线时,轮齿一律按不剖处理,剖视图中的齿根线用粗实线绘制。

3)当需表示斜齿和人字齿时,可用3条与齿线方向一致的细实线表示,直齿不需表示。

（3）**圆柱齿轮啮合时的画法**

对于标准圆柱齿轮,啮合时两齿轮的分度圆相切。

1）在投影为圆的视图中,啮合区内的齿顶圆均用粗实线绘制,如图 6.19（a）所示;也可采用省略画法,如图 6.19（b）所示。

2）在投影为非圆的视图中,啮合区的齿顶线不用画出,节线（标准直齿圆柱齿轮的分度圆又称为节圆,分度线又称为节线）用粗实线绘制,其他处节线用细点画线绘制,如图 6.19（c）和图 6.19（d）所示。

3）剖切平面通过轴线时,在啮合区内,将一个齿轮的轮齿用粗实线绘制,另一个齿轮的轮齿被遮挡的部分用虚线绘制。

在两齿轮啮合时,一个齿轮的齿顶和另一齿轮的齿根是有一定间隙的,应为 0.25m（m 为模数）,如图 6.17 所示。

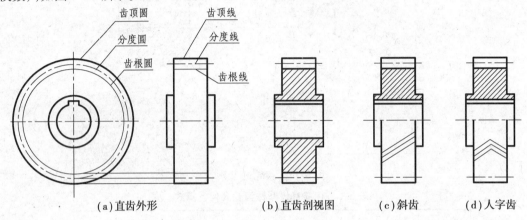

（a）直齿外形　　　　（b）直齿剖视图　　（c）斜齿　　（d）人字齿

图 6.18　单个圆柱齿轮的画法

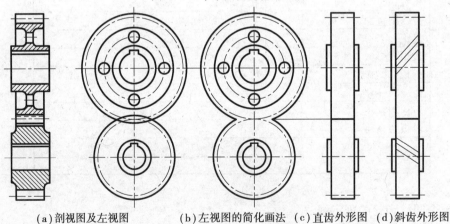

（a）剖视图及左视图　　　（b）左视图的简化画法　（c）直齿外形图　（d）斜齿外形图

图 6.19　圆柱齿轮的啮合画法

（4）**齿轮、齿条的啮合画法**

若圆柱齿轮的直径为无穷大时,齿顶圆、齿根圆、分度圆、齿廓曲线均成了直线,这时的齿轮变为了齿条。当齿轮和齿条啮合时,其规定画法和圆柱齿轮啮合画法基本相同,节圆和节线用点画线表示,且相切,齿顶圆和齿顶线用粗实线表示,如图 6.20 所示。

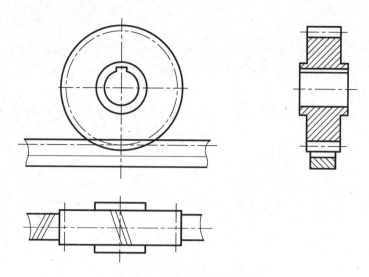

图 6.20　齿轮齿条的啮合画法

6.4.3　圆锥齿轮的主要参数及画法

（1）圆锥齿轮的主要参数

圆锥齿轮适用于两相交轴间的传动,其轮齿分布在圆锥面上,轮齿由大端到小端逐渐变小,同圆柱齿轮相似,锥齿轮有分度圆锥、顶圆锥、根圆锥。由于圆锥齿轮大端尺寸最大,计算和测量相对容易,故圆锥齿轮以大端模数为标准模数,标准直齿圆锥齿轮各部分名称和几何尺寸计算公式,如表 6.7 所示。

表 6.7　直齿圆锥齿轮尺寸计算公式

名　　称	符　　号	计　算　公　式
模数	m	取大端模数为标准模数
分度圆直径	d	$d = mz$
分度圆锥角	δ	$\delta_1 = \arctan z_1/z_2$ $\delta_2 = \text{arccot } z_2/z_1$
齿顶高	h_a	$h_a = m$
齿根高	h_f	$h_f = 1.2m$
齿全高	h	$h = h_a + h_f$
齿顶圆直径	d_a	$d_a = m(z + 2\cos \delta)$
齿根圆直径	d_f	$d_f = m(z - 2.4\cos \delta)$

（2）规定画法

圆锥齿轮的单个画法如图 6.21 所示,主视图常用剖视图表示,左视图为投影为圆的视图,左视图中用粗实线表示锥齿轮大端的齿顶圆,用点画线表示大端的分度圆,为清晰起见,不画齿根圆。

圆锥齿轮的啮合画法,如图 6.22 所示,两圆锥齿轮锥顶相交于一点,分度圆锥相切,主视图常用剖视图表示,在啮合部位,将一个锥齿的齿顶线画成粗实线,另一个锥齿的齿顶线画成虚线。

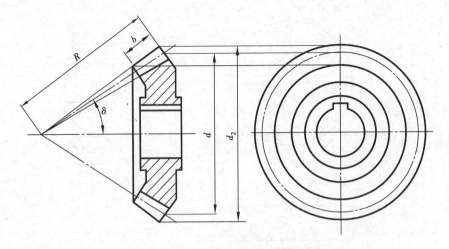

图 6.21　圆锥齿轮的单个画法

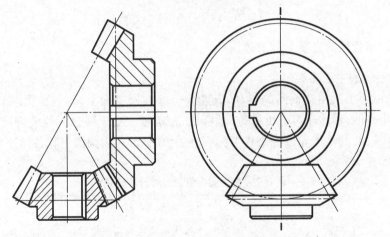

图 6.22　圆锥齿轮的啮合画法

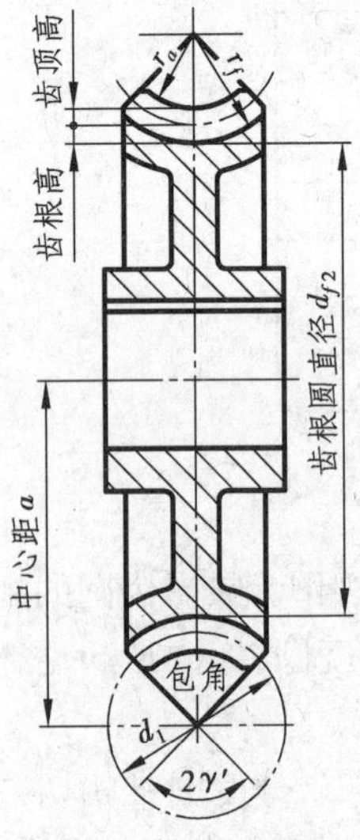

6.4.4　蜗杆蜗轮的规定画法

蜗杆蜗轮适用于两交错轴的传动,它的特征是结构紧凑,传动比大。蜗轮类似于斜齿圆柱齿轮,而蜗杆上的齿则呈螺旋线绕在圆柱面上,按线数的多少分单头蜗杆和多头蜗杆。通过蜗杆轴线并与蜗轮轴线垂直的平面称为主平面,蜗杆传动的设计均以主平面内的参数为标准,在主平面内,蜗轮的截面形状相当于齿轮,而蜗杆相当于一齿条。

蜗杆蜗轮的单个画法与圆柱齿轮的画法基本相同,如图 6.23、图 6.24 所示。齿顶圆用粗实线,分度圆用细点画线,在蜗轮投影为圆的视图中,只画出分度圆和外圆,齿顶圆和齿根圆不用画。蜗杆蜗轮的啮合常用两个视图表示,在主视图中蜗轮被蜗杆遮住的部分不画出,蜗轮的分度圆应与蜗杆的分度线相切,如图 6.25 所示。

图 6.23　蜗轮的单个画法

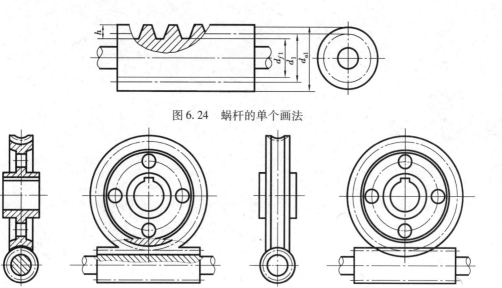

图 6.24　蜗杆的单个画法

图 6.25　蜗轮蜗杆的啮合画法

第**7**章
零件图

7.1 零件图的作用和内容

任何机械产品都是由零件装配而成的。零件图要清楚表达单个零件的结构、形状、大小以及技术要求。它是生产中的重要技术文件，是加工和检验零件的唯一依据。

一张完整的零件图应包括以下内容：

1）一组视图　用各种表达方法如视图、剖视图和断面图等，正确、清晰地表达出零件的内部、外部结构和形状。

2）完整的尺寸　正确、完整、清晰、合理地标注出制造和检验零件所需的全部尺寸。

3）技术要求　用规定的符号、数字或文字表示零件在制造和检验时应达到的技术要求，如表面粗糙度、尺寸公差、形位公差、材料及热处理等方面的要求。

4）标题栏　用规定的格式表达零件的名称、材料、数量及绘图比例、图号、设计、制图和审核人的签名及日期等。

如图7.1所示是一张阀体的零件图。

7.2 零件图的视图选择和尺寸标注

7.2.1 零件图的视图选择

零件图要求用一组视图表达出零件内部、外部的形状和结构。零件图视图选择的原则如下：

1）根据零件的工作位置或加工位置，选择最能反映零件形状特征的视图作为主视图。

2）按完整、正确、清楚地表达这个零件的结构，来选取其他视图。

3）选取其他视图时，应在完整、正确、清楚地表达零件内、外形状的前提下，尽量减少图形数量，以便画图和看图。

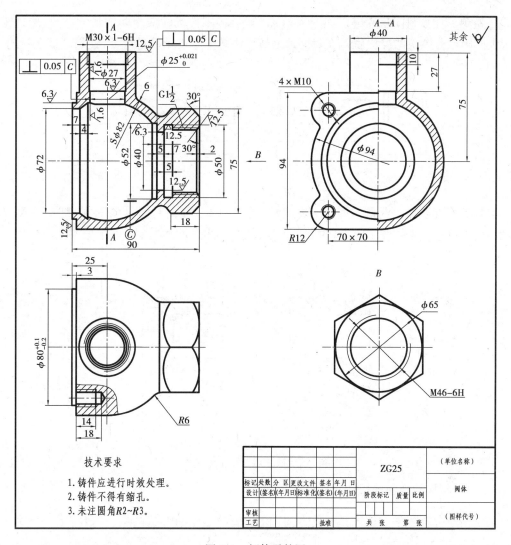

图 7.1　阀体零件图

7.2.2　零件图的尺寸标注

零件图上标注的尺寸是加工和检验的重要依据。因此,零件图上标注的尺寸除应满足正确、完整、清晰的要求外,还应合理地选择尺寸基准,使尺寸标注满足设计和工艺的要求,即零件在机器中既能满足功能和性能要求,又能使零件便于制造、测量和检验。因此,必须注意以下几点:

1)正确选择尺寸基准。尺寸基准是标注尺寸的起点,尺寸标注是否合理,基准选择十分重要。尺寸基准可以是平面(如零件的底面、端面、对称面和结合面等)、直线(如零件的轴线、中心线等)和点(如圆心、坐标原点等)。每个零件都有长、宽、高 3 个方向的尺寸,因此,在每个方向上都应有一个主要基准。

2)重要尺寸必须直接标注。影响产品性能、精度和互换性的尺寸称为重要尺寸,如配合尺寸、确定零件在部件中准确位置的定位尺寸、相邻零件之间的联系尺寸等。为了保证产品的质量,零件的重要尺寸应直接标注。

3)避免标注成封闭尺寸链。如图7.2(a)所示,将零件标注成封闭的尺寸链,会给加工带来很大的困难。解决的办法就是在封闭尺寸链中去掉一个不重要的尺寸,使尺寸链不封闭,如图7.2(b)所示。

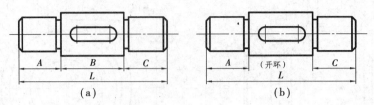

图7.2 尺寸链

4)标注尺寸要便于测量。如图7.3所示,若按图7.3(a)标注尺寸,则 L_2 和 L_3 这两个尺寸就不便于测量。若按图7.3(b)的方式标注,从右端测量尺寸 L_2',L_3' 就十分方便。

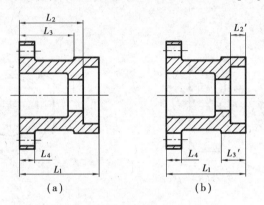

图7.3 标注尺寸要便于测量

7.2.3 零件的视图选择和尺寸标注示例

为了便于分析零件的视图选择和尺寸标注,根据零件的形状结构,一般将零件分为以下几类:

1)轴套类零件——轴、齿轮轴和衬套等零件。

2)盘盖类零件——阀盖、端盖和齿轮等零件。

3)支架类零件——连杆、拨叉和支座等零件。

4)箱体类零件——阀体、箱体和泵体等零件。

5)其他类零件。

下面结合典型例子,介绍各类零件的视图表达和尺寸标注的方法。

(1)轴套类零件

为了加工时看图方便,主视图应将轴套类零件的轴线水平放置。对于实心的轴,不必剖视,轴上的一些局部结构如键槽、销孔及退刀槽,常采用移出断面、局部剖视和局部放大图来表达。

标注尺寸时,高度和宽度方向应选择轴线作为主要基准,长度方向应选择定位面作为主要基准,如图7.18所示。

（2）**盘盖类零件**

盘盖类零件的主要加工方法是车削。因此,一般是将这类零件的轴线水平放置,并作全剖、半剖或旋转剖视,以表达其内部结构。

其他视图的选择可根据盘盖类零件的复杂程度而定。一般常需画出其左视图或右视图。

标注尺寸时,高度和宽度方向应以对称的轴线作为主要基准,长度方向以端面作为主要基准,如图7.4所示。

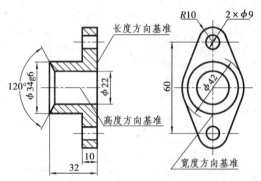

图7.4 压盖的表达方法和尺寸标注

（3）**支架类零件**

支架类零件的结构比较复杂,且往往带有倾斜结构,因此,加工位置多变。在选择主视图时,一般主要考虑工作位置和形状特征。

支架类零件一般需两个或两个以上的基本视图和恰当的剖视图、向剖视及断面图等来表达。

标注尺寸时,长度方向采用安装面作为主要基准,高度和宽度方向采用安装面的对称轴线作为主要基准,如图7.5所示。

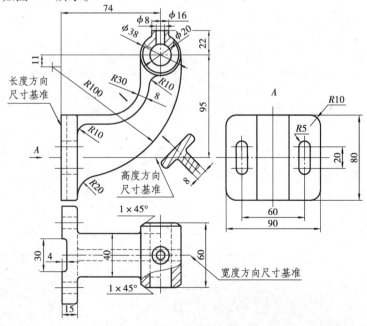

图7.5 支座的表达方法和尺寸标注

（4）箱体类零件

箱体类零件适用于支承、包容、保护运动零件或其他零件。由于这类零件的结构较为复杂，且加工位置多变，因此，在选择主视图时，常以工作位置和形状特征为依据，应根据具体结构，采用全剖、半剖、局部剖和视图等多种表达方法来表达这类零件的内部和外部结构。

标注尺寸时，选择对称的轴线和有用的端面作为主要基准，如图7.6所示。

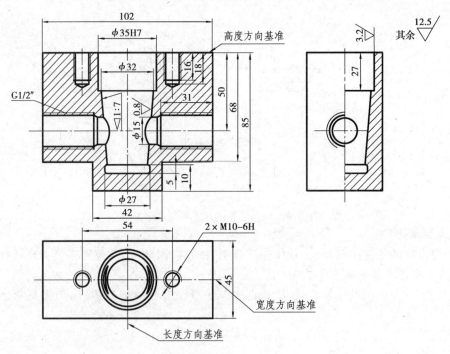

图 7.6　箱体零件图

（5）典型结构的尺寸标注方法示例

常用典型尺寸的标注方法如表7.1所示。

表 7.1　典型结构尺寸标注示例

说　明	图　例
当对称机件的图形只画出一半或略大于一半时，尺寸线应略超过对称中心线或断裂处的边界线，此时仅在尺寸线的一端画出箭头	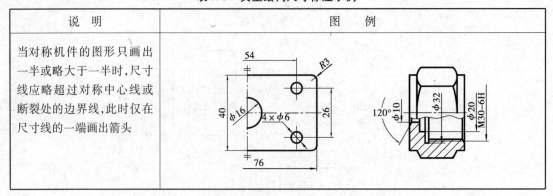

续表

说　明	图　例
间隔相等的链式尺寸可采用图示的方法标注,括号中的尺寸为参考尺寸	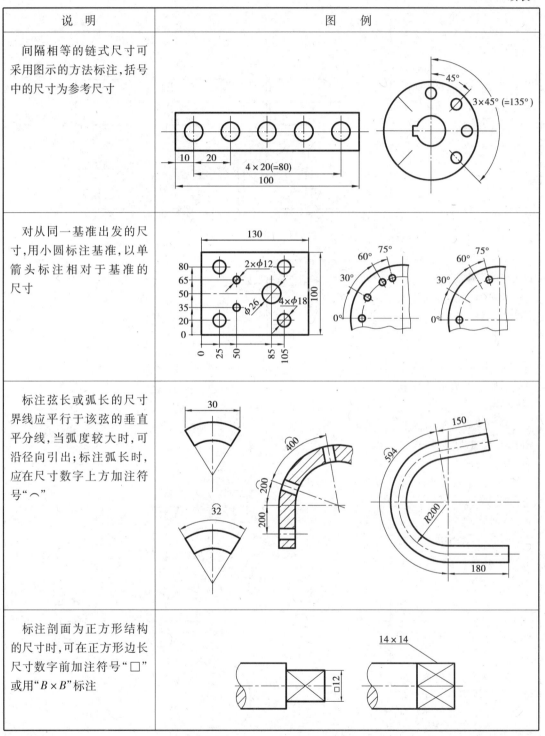
对从同一基准出发的尺寸,用小圆标注基准,以单箭头标注相对于基准的尺寸	
标注弦长或弧长的尺寸界线应平行于该弦的垂直平分线,当弧度较大时,可沿径向引出;标注弧长时,应在尺寸数字上方加注符号"⌒"	
标注剖面为正方形结构的尺寸时,可在正方形边长尺寸数字前加注符号"□"或用"$B \times B$"标注	

续表

说　明	图　例
倒角的标注法： 　一般 45°倒角按"宽度 ×角度"标注；30°或 60°倒角，应分别标注宽度和角度	 　　（a）45°倒角　　　　　（b）非45°倒角
退刀槽的标注法： 　一般按"槽宽 × 槽深"或"槽宽 × 直径"标注	
光孔、螺孔、沉孔等各类孔的标注法： 　符号"↓"表示深度，圆柱销孔的尺寸为 ϕ6，深度为 10； 　符号"∨"表示埋头孔，埋头孔的尺寸为： ϕ10×90°； 　符号"⊔"表示沉孔或锪平，即沉孔 ϕ12，深 4.5	
盘状零件上均布孔的表示法： 　EQS 为英文"均布"的缩写	

7.3 零件图的技术要求

零件图上除了有表达零件结构形状的图形和尺寸外,还须有加工过程中应达到的技术要求,如表面粗糙度、极限与配合公差、形位公差及材料热处理等。

7.3.1 表面粗糙度

表面粗糙度表示零件表面的光滑程度,是指零件加工表面上所具有的较小间距和峰谷的微观几何形状特征。表面粗糙度是评定零件表面质量的重要指标之一,它影响零件间的配合、零件的使用寿命及外观质量等。表面粗糙度一般是由不同的加工方法及其他因素所形成的。

(1)表面粗糙度的参数

评定表面粗糙度的参数,有轮廓算术平均偏差 Ra、微观不平度十点高度 Rz、轮廓最大高度 Ry。生产中常采用 Ra 作为评定零件表面质量的主要参数,其值如表7.2所示。

表7.2 Ra 选用值

Ra(系列)/μm	0.008	0.01	**0.012**	0.016	0.020	**0.025**	0.032	0.04	**0.050**
	0.063	0.080	**0.100**	0.125	0.160	**0.20**	0.25	0.32	**0.40**
	0.50	0.63	**0.80**	1.00	1.25	**1.60**	2.0	2.5	**3.2**
	4.0	5.0	**6.3**	8.0	10.0	**12.5**	16.0	20	**25**
	32	40	**50**	63	80	**100**			

注:Ra 数值中黑体字为第一系列,应优先采用。

(2)表面粗糙度代号、符号及其标注

GB/T 3505—2000 规定了表面粗糙度代号、符号及其标注法。图样上所标注的表面粗糙度代号,是对该表面完工后的要求,表面粗糙度代号包括表面粗糙度符号、表面粗糙度参数值及其他有关规定。表面粗糙度的符号及意义如表7.3所示。

表7.3 表面粗糙度的符号

符 号	意义及说明
	基本符号,表示表面可用任何方法获得。当不加注粗糙度参数值或有关说明(如表面处理、局部热处理状况等)时,仅适用于简化代号标注
	基本符号加一短划,表示表面是用去除材料的方法获得。如车、铣、钻、磨、剪切、抛光、腐蚀、电火花加工和气割等

续表

符　号	意义及说明
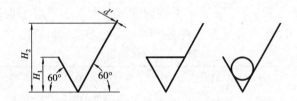	基本符号加一小圆,表示表面是用不去除材料的方法获得。如铸、锻、冲压变形、热轧和冷轧粉末冶金等,或者是用于保持原供应状况的表面(包括保持上道工序的状况)
	在上述3个符号的长边上均可加一横线,用于标注有关参数的说明

表面粗糙度符号的画法如图 7.7 所示。其中,$H_1 = 1.4 h$(h 为字体高度),$H_2 \approx 2H_1$,小圆直径均为字体高 h,符号的线宽 $d' = h/10$。

图 7.7　表面粗糙度符号的画法

(3)表面粗糙度代号在图样上的标注

在图样上标注表面粗糙度的原则如下:

1)在同一图样上,零件每个表面只标注一次表面粗糙度符号,并应标注在可见轮廓线、尺寸线、尺寸界限或其延长线上。符号的尖端必须从材料外指向被加工表面,如图 7.8 所示。

2)在表面粗糙度代号中,数字的大小和方向应与图中的尺寸数字大小和方向一致。

3)图样上所标注的表面粗糙度,是指零件完工后的要求。

表面粗糙度标注示例如图 7.9 所示。

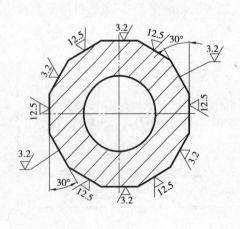

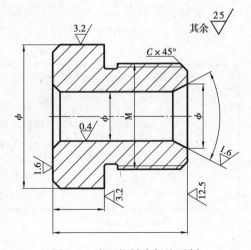

图 7.8　表面粗糙度符号方向　　　　　　图 7.9　表面粗糙度标注示例

7.3.2 极限与配合

(1)零件的互换性概念

在同一批规格大小相同的零件中,任取其中一件,而不需加工就能装配到机器上去,并能保证使用要求,这种性质称为互换性。

(2)极限与配合的概念

每个零件制造都会产生误差,为了使零件具有互换性,对零件的实际尺寸规定一个允许的变动范围,这个范围要保证相互配合零件之间形成一定的关系,以满足不同的使用要求,这就形成了"极限与配合"的概念。

(3)有关极限与配合的术语及定义

1)**基本尺寸** 设计时给定的尺寸,如图 7.10(a)中的 $\phi 50$。

2)**实际尺寸** 零件加工完毕后,通过测量所得的尺寸。

3)**极限尺寸** 允许零件实际尺寸变化的两个界限值,它以基本尺寸为基数来确定。其中,较大的一个尺寸称为最大极限尺寸,较小的一个尺寸称为最小极限尺寸,如图 7.10(b)中的 $\phi 50.012$ 和 $\phi 49.988$。

4)**尺寸偏差(简称偏差)** 某一尺寸减其基本尺寸所得的代数差。

上偏差 = 最大极限尺寸 – 基本尺寸

下偏差 = 最小极限尺寸 – 基本尺寸

上、下偏差统称为**极限偏差**,其值可为正值、负值或零。孔的上、下偏差分别用 ES,EI 表示,轴的上、下偏差分别用 es,ei 表示。在图 7.10(b)中,孔的上偏差 ES = 50.012 – 50 = +0.012,下偏差 EI = 49.988 – 50 = –0.012。

5)**尺寸公差(简称公差)** 允许零件实际尺寸的变动量。

公差 = 最大极限尺寸 – 最小极限尺寸 = 上偏差 – 下偏差

在如图 7.10(b)所示中,孔的公差 = +0.012 – (–0.012) = 0.024。

公差是绝对值,没有正、负号,也不能为零。

6)**零线** 在公差带图中用以确定偏差和公差的基准线,如图 7.10(c)所示。

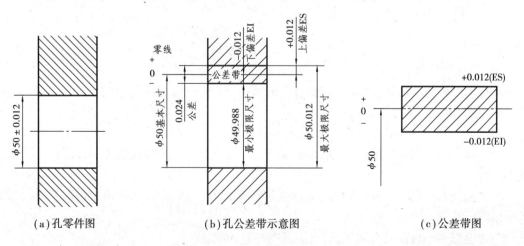

（a）孔零件图　　　　（b）孔公差带示意图　　　　（c）公差带图

图 7.10 尺寸公差及公差带示意图

7）**公差带**　由代表上、下偏差的两条直线所限定的一个区域,如图 7.10(c)所示。

8）**标准公差**　国家标准规定用以确定公差带大小的一系列公差值。标准公差数值与基本尺寸和公差等级有关,其值可查阅国家标准。

标准公差分为 20 个等级,即 IT01,IT0,IT1,IT2,…,IT18。IT 为标准公差代号,阿拉伯数字表示公差等级,它是确定尺寸精确程度的等级。从 IT01 至 IT18,公差等级依次降低。

9）**基本偏差**　国家标准规定用以确定公差带相对零线位置的上偏差或下偏差,一般为靠近零线的那个偏差。当公差带在零线的上方时,基本偏差为下偏差;反之,则为上偏差。

基本偏差共有 28 个,其代号用拉丁字母按顺序表示,大写字母代表孔,小写字母代表轴,如图 7.11 所示为孔、轴的基本偏差系列。

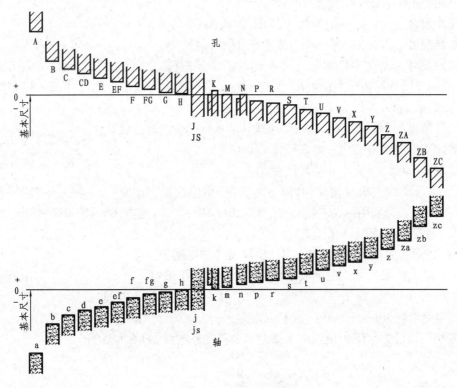

图 7.11　基本偏差系列

（4）配合的概念

基本尺寸相同的轴和孔(或类似轴与孔的结构)装在一起,达到所要求的松紧程度,这种情况称为配合。

如图 7.12 所示,根据使用的要求不同,零件间的配合分为以下 3 类:

1）**间隙配合**　具有间隙(包括最小间隙等于零)的配合。此时孔的最小极限尺寸 ≥ 轴的最大极限尺寸。

2）**过盈配合**　具有过盈(包括最小过盈等于零)的配合。此时孔的最大极限尺寸 ≤ 轴的最小极限尺寸。

3）**过渡配合**　可能具有间隙,也可能具有过盈的配合。

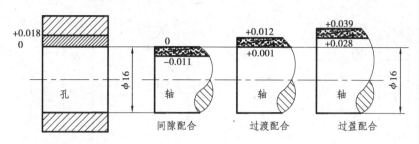

图 7.12 配合的种类

（5）配合制度

国家标准规定了配合的两种基准制度,即**基孔制**和**基轴制**。

1）**基孔制** 基本偏差为一定的孔,与不同基本偏差的轴形成各种配合的一种制度,如图 7.13（a）所示。基孔制配合中的孔为基准孔,其代号为 H,下偏差为零。

2）**基轴制** 基本偏差为一定的轴,与不同基本偏差的孔形成各种配合的一种制度,如图 7.13（b）所示。基轴制配合中的轴为基准轴,其代号为 h,上偏差为零。

一般情况,应优先选用基孔制,只有在特殊情况下或与标准件配合时,才选用基轴制。

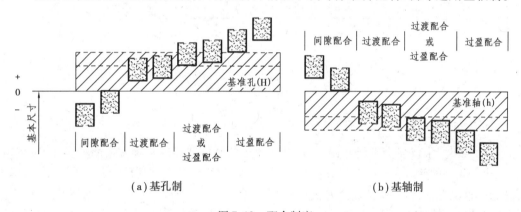

（a）基孔制 （b）基轴制

图 7.13 配合制度

（6）极限与配合的标注

1）在零件图上的标注

在零件图上标注尺寸公差有 3 种形式:

①在基本尺寸后面标注公差带代号,如图 7.14（a）所示。

②在基本尺寸后面标注极限偏差数值,如图 7.14（b）所示。

③在基本尺寸后面同时标注公差带代号和极限偏差数值,这时极限偏差数值必须加括号,如图 7.14（c）所示。

2）在装配图上的标注

配合代号是由孔和轴的公差带代号组成,用分数形式表示,分子为孔的公差带代号,分母为轴的公差带代号。在装配图中标注配合时,是在基本尺寸后面标注配合代号,如图 7.15（a）所示,也允许按图 7.15（b）的形式标注。

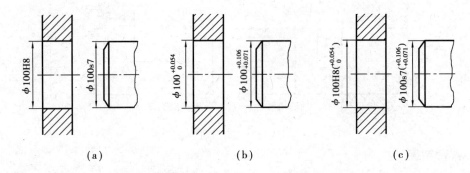

图 7.14　零件图上尺寸公差的标注

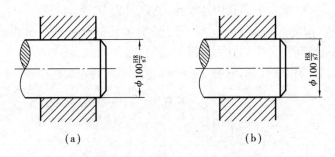

图 7.15　装配图上配合的标注

7.3.3　形位公差

零件加工时,不仅会产生尺寸误差,还会产生形状和位置误差。零件表面的实际形状对其理想形状所允许的变动量,称为形状误差;零件表面的实际位置对其理想位置所允许的变动量,称为位置误差。形状和位置公差简称形位公差。GB/T 1182—1996 中,对形位公差的定义、术语、代号及标注方法等都进行了规定,需要时可查阅相关标准。

(1)形位公差代号

形位公差代号和基准代号如图 7.16 所示。若无法用代号标注时,允许在技术要求中用文字说明。

图 7.16　形位公差代号及基准代号

形位公差的符号如表 7.4 所示。

表 7.4 形位公差的符号

分类	特征项目	符号	分类		特征项目	符号
形状公差	直线度	——	位置公差	定向	平行度	//
	平面度	▱			垂直度	⊥
	圆度	○			倾斜度	∠
	圆柱度	⌀		定位	同轴度	◎
	线轮廓度	⌒			对称度	=
	面轮廓度	⌓			位置度	⊕
				跳动	圆跳动	↗
					全跳动	↗↗

（2）形位公差标注示例

形位公差的标注示例如图 7.17 所示。

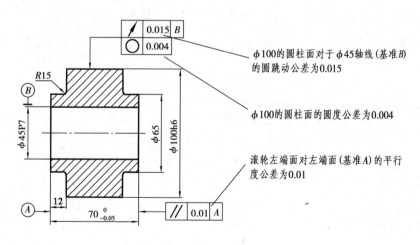

图 7.17 形位公差标注示例

φ100 的圆柱面对于 φ45 轴线（基准 B）
的圆跳动公差为 0.015

φ100 的圆柱面的圆度公差为 0.004

滚轮左端面对左端面（基准 A）的平行
度公差为 0.01

7.4 读零件图

下面以一个轴类零件图为例,介绍读零件图的方法和步骤。

7.4.1 读标题栏

了解零件的名称、材料及绘图比例等。然后从装配图或其他技术文件中了解零件的主要作用和与其他零件的装配关系。如图 7.18 所示为一泵轴,材料为 45 钢,比例为 1∶1 。

通常轴的作用用于传递运动或动力。

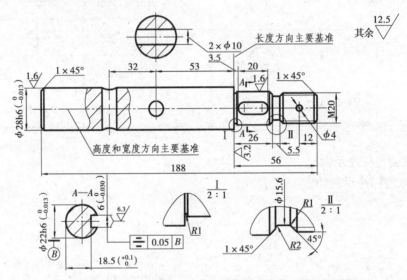

图 7.18 泵轴零件图

7.4.2 分析视图

从图 7.18 可知,轴类零件的主体是由大小不同的圆柱、圆锥等回转体构成,其径向尺寸比轴向尺寸小得多。这类零件往往还有一些局部结构,如倒角、圆角、键槽和退刀槽等。

轴类零件主要是在车床上加工,为了加工时看图方便,一般把主视图的轴线水平放置以符合加工位置。由于这类零件的主体是回转体,因此,采用一个基本视图就能将其主要形状表达清楚。对轴上的局部结构,采用了两个移出断面、两个局部放大图来表达。

7.4.3 分析尺寸

轴类零件尺寸主要有以下两类:

1)径向尺寸,以轴线为基准,标注出各段的直径尺寸,如图 7.18 所示中的 $\phi 28 _{-0.011}^{0}$,$\phi 22 _{-0.011}^{0}$,M20。

2)轴向尺寸,常选用重要的端面、定位面(轴肩)或加工面等作为基准,标注各段的长度。如图 7.18 所示中的表面粗糙度为 $Ra6.3$ 的右轴肩(这里是传动齿轮的定位面),被选为长度方向的尺寸基准,由此标注出 26,56,3.5,53 等尺寸;再以右轴段为长度方向的辅助基准,标注出轴的总长 188。

7.4.4 了解技术要求

如图 7.18 所示,应先看表面粗糙度要求,要求最高的表面是尺寸为 $\phi28$ 和 $\phi22$ 的表面,其表面粗糙度为 $Ra1.6$,需要精车;定位端面和键槽的表面粗糙度为 $Ra3.2$,其余未标注表面 $Ra12.5$。再看尺寸公差及精度,可看到有 4 个尺寸有公差要求,分别是 $\phi28h6$,$\phi22h6$,$18.5_{0}^{+0.1}$ 和 $6_{-0.03}^{0}$,其中,前两个是与孔配合的,后两个是与键配合的。形位公差是以 $\phi22h6$ 的轴线为基准,对键槽有对称度要求。

通过上述分析,应对该零件有较深入的了解,进一步加深对读零件图方法和步骤的认识。

第**8**章
装配图

8.1 装配图的作用和内容

表达机器或部件的图样,称为装配图。它表示机器或部件的结构形状、装配关系、工作原理和技术要求,是指导装配、安装、使用和维修机器或部件的重要技术文件。

图 8.1 齿轮油泵装配轴测图

图 8.1 是一台齿轮油泵的轴测装配图,图 8.2 是齿轮油泵的装配图。根据装配图的作用,一张完整的装配图应具有如下内容:

1)一组视图 用来表达机器或部件的主要结构、工作原理、各零件的相互位置和装配关系。

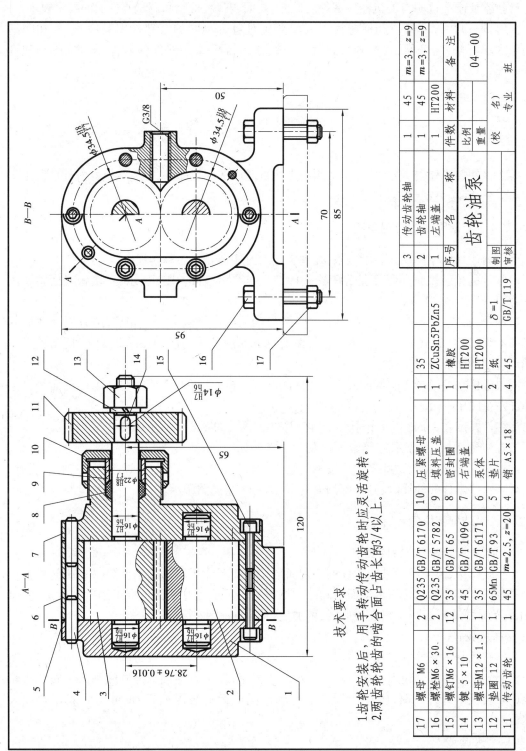

技术要求

1.齿轮安装后,用手转动传动齿轮时应灵活旋转。
2.两齿轮齿齿的啮合面占齿长的3/4以上。

17	螺母 M6	2	Q235	GB/T 6170					
16	螺栓M6×30	2	Q235	GB/T 5782	10	压紧螺母	1	35	
15	螺钉M6×16	12	35	GB/T 65	9	填料压盖	1	ZCuSn5PbZn5	
14	键 5×10	1	45	GB/T 1096	8	密封圈	1	橡胶	
13	螺母M12×1.5	1	35	GB/T 6171	7	右端盖	1	HT200	
12	垫圈 12	1	65Mn	GB/T 93	6	泵体	1	HT200	
11	传动齿轮	1	45	m=2.5, z=20	5	垫片	2	纸	δ=1
					4	销 A5×18	4	45	GB/T 119
					3	传动齿轮轴	1	45	m=3, z=9
					2	齿轮轴	1	45	m=3, z=9
					1	左端盖	1	HT200	
					序号	名 称	件数	材 料	备 注

齿轮油泵

比例		04—00
重量		
制图	(校 名)	
审核	专 业	班

图8.2 齿轮油泵装配图

2)必要的尺寸 标注出机器或部件的大小、性能以及装配安装时所需要的尺寸。

3)技术要求 说明有关机器或部件的性能、装配、安装、检验和调试等方面的技术要求。

4)零部件序号、明细栏和标题栏 装配图应对每个不同的零部件编写序号,并在明细栏中依次填写序号、名称、数量和材料等。标题栏包含机器或部件的名称、规格、比例和图号等。

8.2 装配图的表达方法

表达零件的各种表达方法,同样适用于表达机器或部件。此外,为表达机器或部件的工作原理和装配、联接关系,在装配图中还有一些特殊的表达方法。

8.2.1 装配图中的规定画法

为了表达几个零件及其装配关系,在画装配图时应遵守下述基本规定:

1)零件的接触表面和配合表面只画一条实线,如图 8.3(a)中①所示;不接触表面画两条线,如图 8.3(a)中②所示。

2)两个(或两个以上)金属零件相互邻接时,剖面线的倾斜方向应相反,或方向一致但间隔必须不等,如图 8.3(a)所示壳体与端盖以及轴承的剖面线画法和如图 8.3(b)所示轴承座与轴承盖的剖面线画法。

同一零件在各视图上的剖面线方向和间隔必须一致,如图 8.2 所示泵体 6 的剖面线在主视图和左视图中一致。

当零件厚度在 2 mm 以下,剖切时允许以涂黑表示,如图 8.2 所示的垫片 5。

3)在装配图中,对于螺钉等紧固件及实心零件如轴、手柄、连杆、拉杆、球、销、键等,当剖切面通过其基本轴线时,这些零件均按不剖绘制,如图 8.3 所示的螺钉、螺栓、实心轴。当剖切平面垂直这些零件的轴线时,则应画剖面线,如图 8.2 左视图所示。

8.2.2 装配图中的特殊表示法

(1)沿结合面剖切或拆卸画法

在装配图中,可假想沿某些零件的结合面剖切。如图 8.2 所示的左视图(B—B 剖视图),即是沿泵体和垫片的结合面剖切而得到的。如图 8.2 所示的左视图也可采用拆卸画法,假想将端盖、垫片拆去后画出。需要说明时,可加注"拆去端盖和垫片等"字样。

(2)假想画法

为了表示与本部件有装配关系但又不属于本部件的其他相邻零部件时,可用细双点画线画出相邻零部件的部分轮廓。如图 8.2 所示的左视图,在下方用细双点画线画出了安装齿轮油泵的安装板。另外,部件上某个零件的运动范围或运动极限位置,也可用细双点画线来表示。

(3)夸大画法

对薄片零件、细丝弹簧、微小间隔、较小的斜度和锥度等结构,可不按比例而采用夸大画出。如图 8.2 所示垫片 5 的画法。

(4)简化画法

装配图中若干相同的零件组或螺栓联接等,可仅详细地画出一组或几组,其余只需用细点画线表示其装配位置,如图 8.3(a)所示;装配图中零件的工艺结构,如圆角、倒角和退刀槽等可不画出,如图 8.3(a)中③所示。螺栓头部、螺母等也可采用简化画法,如图 8.3(b)所示 6,7;在装配图中,当剖切平面通过某些标准产品的组合件或该组合件已由其他图形表示清楚时,则可只画出其外形,如图 8.3(b)所示油杯 8 的画法。

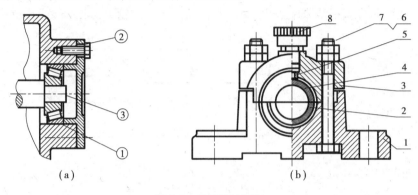

图 8.3　装配图表示法

8.3　装配图上的标注

8.3.1　装配图的尺寸标注

根据装配图的作用,在图上需要标注与机器或部件的性能、规格、装配和安装等有关的几类尺寸。

1)**性能尺寸**　表示机器或部件性能(规格)的尺寸。如图 8.2 所示吸、压油口尺寸G3/8,它确定齿轮油泵的供油量。

2)**装配尺寸**　表示零件间的相对位置、配合关系的尺寸。如图 8.2 所示齿轮与泵体、齿轮轴与端盖的配合尺寸 ϕ 34.5H8/f7,ϕ 16H7/h6,两啮合齿轮的中心距 28.76 ±0.016 等。

3)**安装尺寸**　机器或部件安装时所需的尺寸。如图 8.2 所示与安装有关的尺寸 70,50 等。

4)**外形尺寸**　表示机器或部件的总长、总宽和总高的尺寸。如图 8.2 所示齿轮油泵的总长、总宽和总高尺寸为 120,85,95。

5)**其他重要尺寸**

除上述 4 种尺寸外,在设计或装配时需要保证的其他重要尺寸,如运动零件的极限尺寸、主要零件的重要尺寸等。

8.3.2　装配图的零部件序号和明细栏的注写

为了便于看图、组织生产及图纸管理,装配图中所有零、部件都必须编写序号,并在标题栏上方编制相应的明细栏。

（1）序号的编排和标注方法

1）装配图中相同的零件（或部件）只编写一个序号，一般只标一次。

2）序号应注写在视图轮廓线的外边。常见形式有：在所指的零、部件的可见轮廓内画一圆点，并自圆点用细实线画出倾斜的指引线，在指引线的端部用细实线画一水平线或圆，然后将序号注写在水平线上或圆内，序号的字高应比尺寸数字大一号或两号，如图8.4（a）所示；也可直接在指引线附近注写序号，序号的字高比尺寸数字大两号，如图8.4（b）所示；对较薄的零件或涂黑的剖面，可在指引线末端画出箭头，并指向该部分的轮廓，如图8.4（c）所示。

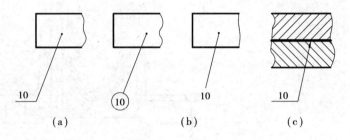

图 8.4　零（部）件序号的标注形式

3）对装配关系清楚的零件组（如紧固件组），可采用公共指引线，如图8.5所示。标准化的组件（如油杯、滚动轴承和电动机等）看成一个整体，在装配图上只编写一个序号。

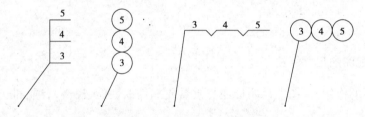

图 8.5　零件组的序号标注形式

4）同一装配图中编注序号的形式应一致，且序号应沿水平或垂直方向按顺时针（或逆时针）方向顺次排列整齐，并尽可能均匀分布，如图8.2所示。

（2）明细栏

明细栏是机器或部件中全部零、部件的详细目录，其内容与格式如图8.2所示。明细栏应画在标题栏的上方，并顺序地自下而上填写。如位置不够，可将明细栏分段画在标题栏的左方。

8.4　装配图的阅读

阅读装配图，主要是了解机器或部件的用途、工作原理、各零件间的关系和装拆顺序，以便正确地进行装配、使用和维修。

装配图比较复杂，因而读懂装配图需要一个由浅入深逐步分析的过程。现以如图8.6所示的球阀装配图为例，介绍读装配图的一般方法和步骤。

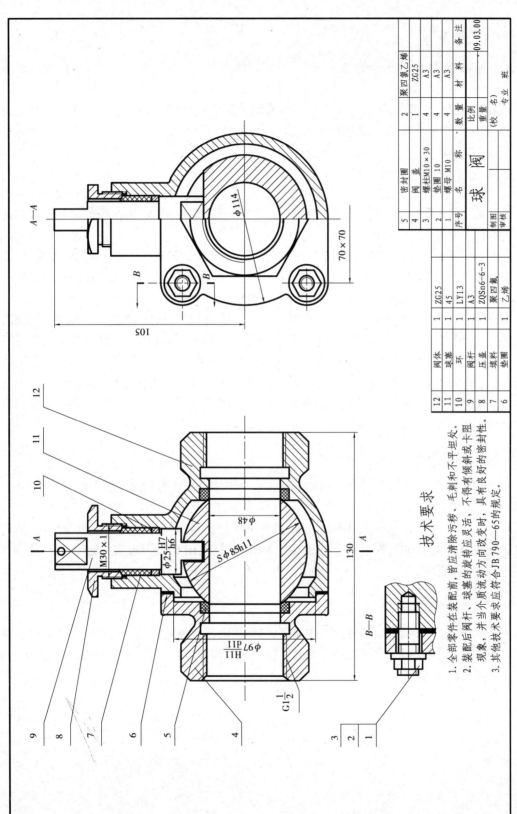

图8.6 球阀装配图

技 术 要 求

1. 全部零件在装配前，皆应清除污秽、毛刺和不平坦处。
2. 装配后阀杆、球塞的旋转应灵活，不得有倾斜或卡阻现象，并当介质流动方向改变时，具有良好的密封性。
3. 其他技术要求应符合JB 790—65的规定。

序号	名 称	数 量	材 料	备 注
5	密封圈	2	聚四氯乙烯	
4	阀盖	1	ZG25	
3	螺柱M10×30	4	A3	
2	垫圈10	4	A3	
1	螺母 M10	4	A3	

12	阀体	1	ZG25	
11	装塞	1	45	
10	环	1	LY13	
9	阀杆	1	A3	
8	压盖	1	ZQSn6-6-3	
7	填料	1	聚四氟	
6	垫圈	1	乙烯	

制图		比例		(校名) 09.03.00
审核		重量		(专业 班)

球 阀

8.4.1 概括了解

通过标题栏、明细栏及有关技术资料,了解该部件的名称、用途、零件种类及大致组成情况。

如图 8.6 所示的球阀,是管路中用来启闭及调节流体流量的一种部件,由图可知,球阀由 12 种零件(9 种非标准件和 3 种标准件)组成,主要零件的材料是 ZG25(铸钢)、Q235(碳素结构钢)等。

8.4.2 分析视图

根据视图的布置,弄清各图形的相互关系和作用,分析装配关系、工作原理和各零件间的定位联接方式等。

由图 8.6 可知,球阀装配图由两个视图表达。主视图用全剖视图反映球阀的装配关系、工作原理和传动方式等;左视图采用 A—A 半剖视图,用以补充表达阀体、阀芯和阀杆的结构形状。B—B 局部剖视图表达了螺柱紧固件与阀体和阀盖的联接关系。

球阀的主视图完整地表达了它的装配关系。从图中可看出,阀体 12 内装有阀芯 11,阀芯 11 上的凹槽与阀杆 9 的扁头榫接。阀体 12 和阀盖 4 均带有方形凸缘,它们用 4 组双头螺柱 (1,2,3)联接,并用适当厚度的垫圈 6 调节阀芯 11 与密封圈 5 之间的松紧程度。当用扳手旋转阀杆 9 并带动阀芯 11 转动时,即可改变阀体通孔与阀芯通孔的相对位置,从而达到启闭及调节管路内流体流量的作用。为防止泄漏,由环 10、填料 7、压盖 8 和密封圈 5、垫圈 6 分别在两个部位组成密封装置。

8.4.3 分析零件

从主要零件开始,弄清各零件的结构形状。应先由零件的序号找出它的名称、件数及其在各视图上的反映,再根据剖面线和投影关系,分析该零件的形状。如零件 4(阀盖),根据序号和剖面线的方向,可确定它在主视图的范围,再根据投影关系找出它在左视图中的投影,最后经过分析,想象阀盖 4 的结构形状。根据需要,画出零件图,图 8.7 为阀盖 4 的零件图,图 7.1 为阀体 12 的零件图。

8.4.4 归纳总结

在上述分析的基础上,对部件的工作原理、装配关系与装拆顺序、表达方案、尺寸标注和技术要求等方面进行归纳总结,从而加深对部件的全面认识,获得对部件的完整概念。如图 8.8 所示为球阀的轴测图。

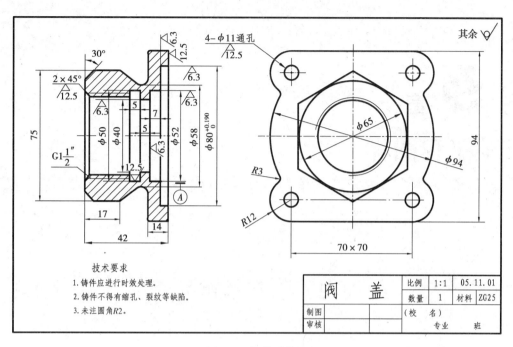

技术要求

1. 铸件应进行时效处理。
2. 铸件不得有缩孔、裂纹等缺陷。
3. 未注圆角R2。

阀 盖		比例	1:1	05.11.01
		数量	1	材料	ZG25
制图		（校 名）		
审核		专业 班		

图 8.7 阀盖零件图

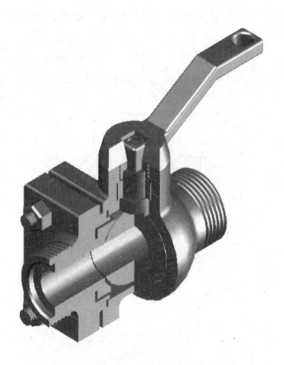

图 8.8 球阀轴测图

第**9**章
其他工程图样

9.1 轴 测 图

9.1.1 概述

前面已了解用正投影法在两个或两个以上的投影面上表达物体结构的方法,这种方法作图简单,表达准确,易于标注尺寸,但直观性差,缺乏立体感,必须将几个视图上相应的点、线联系起来运用正投影原理才能想象出空间物体的形状。另外还有一种表达物体形状的方法,称为**轴测图**,它可在一个投影面上直观地表达物体的立体形状,可作为工程上的辅助图形来使用。

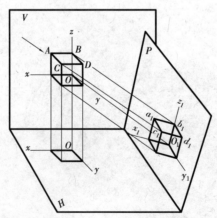

图 9.1 轴测图的形成

(1)轴测图的形成

如图 9.1 所示,一个正方体若将它的面平行于投影面进行投影,则在单个投影面上只能反映出正方体的一个面,得出的投影没有立体感。如果变化一下,另选一个投影面,这个投影面不和正方体的任何一个面平行,然后用平行投影法进行投影,得到的投影可同时表达出正方形的3个面来,具有很强的立体感,这样得到的投影图称为**轴测图**。轴测图是将物体和确定该物体的空间坐标系用平行投影法按不平行于坐标面的方向同时投射到某个面上所得到的图形。这个投影面(即图9.1的P面)称为**轴测投影面**。因为轴测图是采用平行投影法得到的图形,故它遵循以下两条原则:

1)空间两条直线相互平行,则其轴测投影仍然平行;

2)平行线段的轴测投影长度和相应空间线段的长度比值相等。

如图9.1所示,$AB/\!/CD$,在投影图中,则$a_1b_1/\!/c_1d_1$,在空间坐标系$Oxyz$中线段的单位长度与相应的轴测投影中线段的单位长度的比值,称为x,y,z轴的轴向伸缩系数,用p,q,r来表示,如x方向$p=c_1d_1/CD$,y方向$q=b_1d_1/BD$,z方向$r=O_1b_1/OB$,即在x方向上,与x方向平行的所有空间直线在轴测图上都平行于x轴的轴测投影x_1轴,且都按同一系数p缩短,y方向和z方向也如此。

空间坐标轴Ox,Oy,Oz的轴测投影O_1x_1,O_1y_1,O_1z_1称为轴测轴,轴测轴之间的夹角称为轴间角。

(2)**轴测图的分类**

轴测图按投射方向的不同分为两种:

1)投射方向垂直于轴测投影面,称为**正轴测图**。

2)投射方向倾斜于轴测投影面,称为**斜轴测图**。

按轴向伸缩系数不同,这两类轴测图又分为以下3种:

$$正轴测图\begin{cases}正等轴测图 & (p=q=r)\\ 正二轴测图 & (p=q\neq r,p\neq q=r,p=r\neq q)\\ 正三轴测图 & (p\neq q\neq r)\end{cases}$$

$$斜轴测图\begin{cases}斜等轴测图 & (p=q=r)\\ 斜二轴测图 & (p=q\neq r,p\neq q=r,p=r\neq q)\\ 斜三轴测图 & (p\neq q\neq r)\end{cases}$$

选择哪一种轴测图应根据需要而定,工程中应用较多的是正等测和斜二测。下面分别加以介绍。

9.1.2 正等测

(1)**轴向伸缩系数和轴间角**

如图9.2所示正方体的3根直角坐标轴Ox,Oy,Oz都与轴测投影面的夹角相等,这样投射后形成的3根轴测轴即为正等测轴。正等测轴间角均为$120°$,各轴向伸缩系数相等,都是$p=q=r=0.82$,为画图方便起见,实际画图时轴向伸缩系数为1,这样画出的轴测图放大了1.22倍($1/0.82=1.22$)。

(2)**平面立体的正等测图**

例9.1 根据三视图画正等测图。

解 1)分析三视图读懂它所表达的形状,在正投影图上定出原点和坐标轴的位置。

2)作出$Ox_1,Oy_1,Oz_1$3条轴测轴,在x_1轴上量取a,y_1轴上量取b,画出图形的底部,由底部端点作z_1轴的平行线,在投影图上量取相应的物体高度h,画出图形,将不可见的线擦去,即得到正等测图。具体画法如图9.3所示。

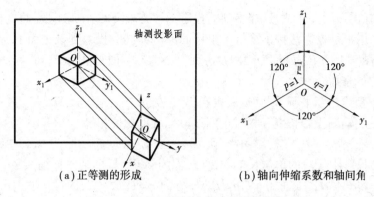

(a)正等测的形成   (b)轴向伸缩系数和轴间角

图9.2　正等测的轴向伸缩系数和轴间角

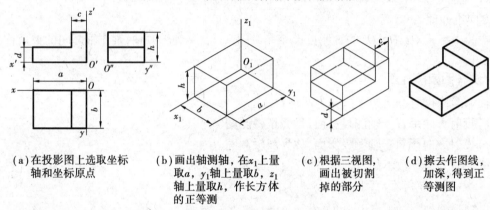

(a)在投影图上选取坐标　　(b)画出轴测轴,在x_1上量　　(c)根据三视图,　　(d)擦去作图线,
轴和坐标原点　　　　　　取a,y_1轴上量取b,z_1　　画出被切割　　　　加深,得到正
　　　　　　　　　　　　轴上量取h,作长方体　　掉的部分　　　　　等测图
　　　　　　　　　　　　的正等测

图9.3　切割后长方体正等测图的画法

例9.2　正六棱柱的正等测图。

解　1)分析视图,确定坐标原点的位置。因六棱柱上下两面呈水平位置,且都是正六边形,它们分别有一个中点,现取顶面的中点为原点。

2)画出轴测轴,并根据视图量取相应的尺寸,具体画法如图9.4所示。

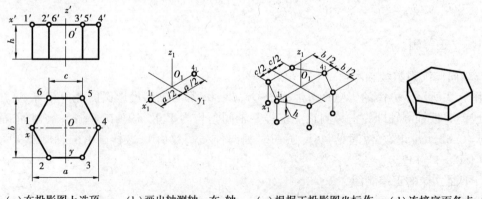

(a)在投影图上选顶　　(b)画出轴测轴,在x轴　　(c)根据正投影图坐标作　　(d)连接底面各点,擦
面中心为坐标原　　　上取$O_11_1=O_14_1=a/2$　　出其他的点,画出正　　　去作图线,加深,
点,并作坐标轴　　　　　　　　　　　　　　六棱柱的顶面,再根　　　得到正等测图
　　　　　　　　　　　　　　　　　　　　　据高h作出底面各点

图9.4　正六棱柱正等测图的画法

（3）平行于坐标面的圆的正等测

平行于坐标面的圆的正等测是椭圆,通常采用前述的四心圆弧法来作图。作图时,可将其看成是四条边分别平行于坐标轴的正方形的内切圆。具体画法如图9.5所示。

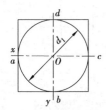 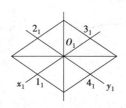 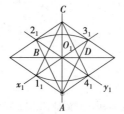 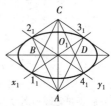

（a）选取圆心为坐标圆点,作坐标轴,在投影图中作圆的外切正方形,切点为a,b,c,d

（b）作轴测轴,在轴测轴上作切点1_1,2_1,3_1,4_1,过切点作外切正方形的正等测菱形图,并作对角线

（c）过1_1,2_1,3_1,4_1切点作菱形各边的垂线,得4个交点A,B,C,D,即为4段圆弧的圆心

（d）以A,C为圆心$A2_1$,$C1_1$为半径作圆弧2_13_1,1_14_1;以B,D为圆心,$B1_1$,$D4_1$为半径作圆弧1_12_1,3_14_1,即为所求

图9.5　平行于坐标面的圆正等测图的画法

在图9.6中画出了立方体表面上3个内切圆的正等测椭圆,它们的形状大小相同,画图方法一样,只是长短轴的方向不同。

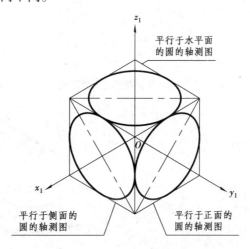

图9.6　平行于坐标面圆的正等测图

（4）回转体的正等测

例9.3　圆柱的正等测。

解　圆柱的顶圆和底圆平行于视图的坐标面Oxy,它们在轴测图上是椭圆。具体画法如图9.7所示。

例9.4　圆角的画法。

解　机器零件常有1/4圆弧的结构,在正等测上它应该是1/4的椭圆弧,但该画法比较烦琐,可采用以下的简化画法,如图9.8所示。

（5）组合体的正等测图

例9.5　组合体的正等测图。

解　1)应先选择坐标轴和原点。

2)将组合体分成几个基本形体,按各部分相对于坐标轴的相对位置关系,顺序画出每一

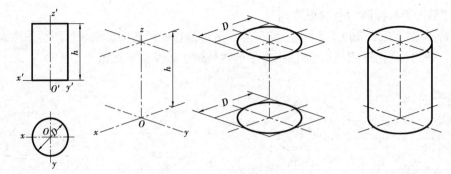

(a) 在投影图中选取坐标轴和坐标原点 (b) 画出轴测轴，根据h确定顶圆和底圆的中心 (c) 画出菱形，用4段圆弧法作近似椭圆 (d) 作上下椭圆的切线，完成图形

图 9.7 圆柱正等测图的画法

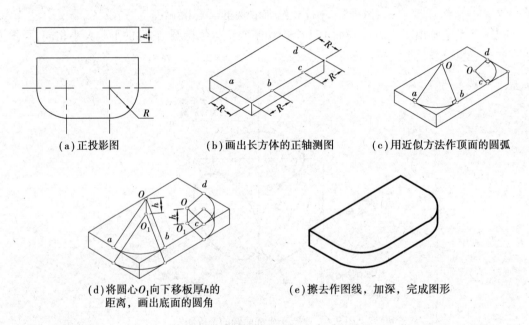

(a) 正投影图 (b) 画出长方体的正轴测图 (c) 用近似方法作顶面的圆弧

(d) 将圆心O_1向下移板厚h的距离，画出底面的圆角 (e) 擦去作图线，加深，完成图形

图 9.8 圆角正等测图的画法

部分的正等测图。

3) 对基本形体进一步细化,如在平面上开孔、挖槽和圆弧过渡等,即可得到组合体的正等测图。具体画法如图9.9所示。

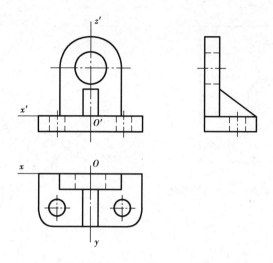

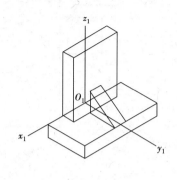

（a）在正投影图中选取坐标轴和坐标原点　　　（b）画出轴测轴，分别作出底板、立板、肋板的正等测图

（c）作立板和底板上的椭圆孔　　　　　　　（d）擦去作图线，加深，完成图形

图 9.9　组合体正等测图的画法

9.1.3　斜二测

（1）轴向伸缩系数和轴间角

若将物体的一个坐标平面平行于轴测投影面，再用斜投影法向轴测投影面进行投射得到的图形称为**正面斜二测**，简称**斜二测**，这时斜二测的两个轴测轴 x_1 和 z_1 相互垂直，x_1 轴为水平方向，z_1 轴为铅垂方向，$p = r = 1$，随着投射方向的变化，q 值也会发生变化，常见的是 $q = 1/2$，此时 $\angle x_1 O_1 z_1 = 90°$，$\angle x_1 O_1 y_1 = 135°$，$\angle y_1 O_1 z_1 = 135°$，如图 9.10 所示。

（2）平行于坐标面的圆的斜二测图

如图 9.11 所示，由于立方体有一个坐标平面平行于轴测投影面，因此，其中有一个面的圆在轴测图上反映了实形，另两个面的圆投影成了椭圆。斜二测上椭圆的画法若用近似圆弧法较烦琐，可采用圆上找点的投影的方法，用曲线板来进行连接，但这种方法也不方便。若物体只有一个坐标方向有圆时，用斜二测较方便，若 3 个方向都有圆时，应避免选用斜二测来作轴测图。

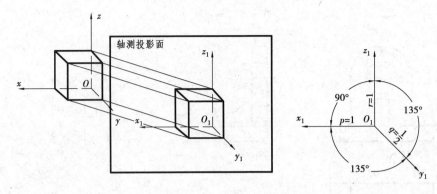

图 9.10   轴间角和轴向伸缩系数

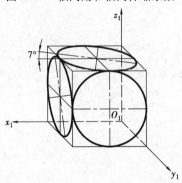

图 9.11   平行于坐标面的圆的斜二测图

（3）斜二测的画法

例 9.6   穿孔圆台的斜二测图。

解   穿孔圆台的斜二测图的画法如图 9.12 所示。

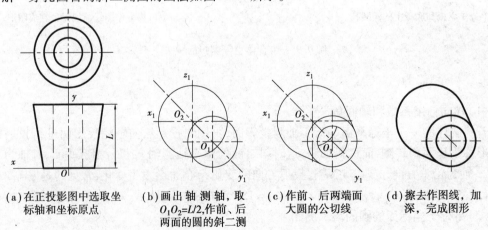

（a）在正投影图中选取坐标轴和坐标原点

（b）画出 轴 测 轴，取 $O_1O_2=L/2$，作前、后两面的圆的斜二测

（c）作前、后两端面大圆的公切线

（d）擦去作图线，加深，完成图形

图 9.12   穿孔圆台斜二测图的画法

例 9.7   轴座的斜二测图。

解   轴座的斜二测图的画法如图 9.13 所示。

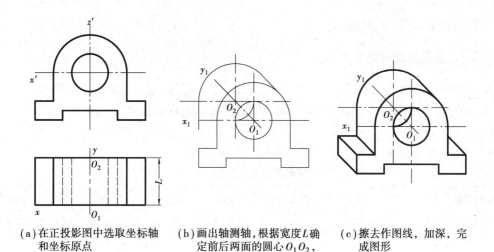

（a）在正投影图中选取坐标轴　　（b）画出轴测轴，根据宽度L确　　（c）擦去作图线，加深，完　　和坐标原点　　　　　　　　　定前后两面的圆心O_1O_2，　　成图形　　　　　　　　　　　　　取$O_1O_2=L/2$，并作圆

图 9.13　轴座斜二测图的画法

9.2　房屋建筑图

9.2.1　房屋的组成

建筑为建造、修筑之意，如建造房屋，修筑道路和桥梁等；建筑物则为由建筑形成的产物。通常房屋建筑有工业建筑和民用建筑之分，其中，民用建筑又可分为供人们居住的建筑（如住宅、宿舍等）和供人们公共使用的建筑（如办公楼、商场、学校、医院和体育馆等）。各类房屋建筑物尽管在使用要求、空间组合、外形处理、结构形式、构造方式和规模上各有特点，但其组成大部分是基础、墙、柱、楼面与地面、楼梯、门窗和屋面等。

9.2.2　房屋建筑图的分类

房屋建筑图主要用于指导房屋的施工，又称为施工图，它是按照国家标准的规定，完整、准确地表达建筑屋的形状、大小以及各部分的结构、构造、装修、附属设施等内容的图样。房屋建筑图按专业分工的不同，通常分为 3 类：

（1）**建筑施工图**（简称建施）

反映建筑施工的内容，用以表达的总体布局、外部造型、内部布置、细部构造、内外装饰以及一些固定设施和施工要求，包括施工总说明，总平面图、建筑平面图、立面图、剖视图和详图等。如图 9.14 所示为一张某仓库和机修间的建筑施工图。

（2）**结构施工图**（简称结施）

反映建筑结构设计的内容，用以表达建筑屋的各承重构件（如基础、承重墙、柱、梁、板等），包括结构施工说明、结构布置平面图、基础图和构件详图等。如图 9.15 所示为一张某仓库和机修间屋顶结构施工图。

（3）**设备施工图**（简称设施）

反映各种设备、管道和线路的布置、走向、安装等内容，包括给排水、采暖通风和空调、电器等设备的布置平面图、系统图及详图等。

9.2.3 房屋建筑图的基本特点

房屋建筑图与机械图的投影方法和表达方法基本一致,都是采用正投影的方法绘制的,但因建筑图所采用的国家标准与机械图不同,因此,在表达上有其自身的特点。

(1)**图的名称**

房屋建筑图与机械图的名称有所不同,如表9.1所示。

表9.1　房屋建筑图与机械图的视图名称对照

房屋建筑图	正立面图	平面图	左侧立面图	右侧立面图	底面图	后立面图	剖视图	断面图
机械图	主视图	全剖俯视图	左视图	右视图	仰视图	后视图	剖视图	断面图

房屋建筑图的每个视图都应在图的下方标注图名,并在图名下画一粗横线。

(2)**比例**

房屋建筑图常用的比例如下:

总平面图　1：500,1：1 000,1：2 000。

平面图、立面图、剖视图　1：50,1：100,1：200。

详图　1：1,1：2,1：5,1：10,1：20。

比例应注写在图名的右侧,比例的字高应比图名的字高小一号或二号。

(3)**图线**

房屋建筑图常采用的线型及用途参照《技术制图标准》GB/T 17450—1998。所有线宽应在0.13,0.18,0.25,0.35,0.5,0.7,1,1.4,2(单位:mm)数系中选取,粗线、中粗线及细线的宽度比为4：2：1。

(4)**尺寸标注**

房屋建筑图上的尺寸标注应包括尺寸界线、尺寸线、尺寸线起止符号和尺寸数字。尺寸界线用细实线绘制,为使图形清晰,其一端应离开视图轮廓不小于2 mm,另一端宜超出尺寸线2～3 mm;尺寸线用细实线绘制,应与被注轮廓线平行,且不宜超出尺寸界线;尺寸线起止符号用中粗斜短线绘制,其倾斜方向与尺寸界线成顺时针45°,长度为2～3 mm;尺寸数字应依据读数方向注写在靠近尺寸线的上方的中部。长度尺寸除标高及总平面中以"米"为单位外,其余一律以"毫米"为单位。

(5)**符号和详图符号**

在房屋建筑图中,某一局部或构配件如需另见详图时,应以索引符号索引。索引符号用直径为10 mm的细实线圆绘制,并画出水平直径。上半圆中的数字表示详图编号,下半圆中的数字表示详图所在图纸的图号;若详图与索引的图在同一张图纸内,则在下半圆中间画一段水平细实线;若索引出的详图采用标准图,则应在索引符号水平直径的延长线上加注标准图册的编号。

详图符号用直径为14 mm的粗实线圆绘制。当详图与被索引的图在同一张图纸内时,详图编号用阿拉伯数字直接注写在详图符号内;如不在一张图纸内,则应在详图符号内画一细实线水平直径,上半圆中注写详图编号,下半圆中注写被索引图纸号。

9.2.4 房屋建筑图的阅读简介

建筑施工图为建筑设计主要内容的体现,并为其他各类施工图的基础和先导,下面主要介绍建筑施工图。

(1)总平面图

建筑总平面图称为总图,是在对拟建建筑所处的地理位置、地形地貌、周围环境以及自然条件等实地勘测的基础上绘制而成的。它是建筑规划设计的结果,反映建筑物的平面轮廓形状、占地范围、房屋朝向、周围环境、地形地貌、道路交通以及与原有建筑物的相对位置等内容。建筑总平面图是新房屋施工定位,土方施工,以及水、电、气等管线布置的重要依据,也是房屋使用价值及潜在价值的重要体现。

1)了解新楼方向、朝向、楼层、风力及环境。

2)了解新楼位置、形状、占地面积、楼间距及标高等。

(2)建筑平面图、立面图、剖视图及详图

1)建筑平面图

假想经过门窗洞口,沿水平面将房屋剖开,移去上部而得到的水平投影,称为建筑平面图(简称平面图)。从平面图中可了解建筑屋的平面形状、大小和布置,以及墙、柱、门、窗的位置等内容,如图 9.16 所示。

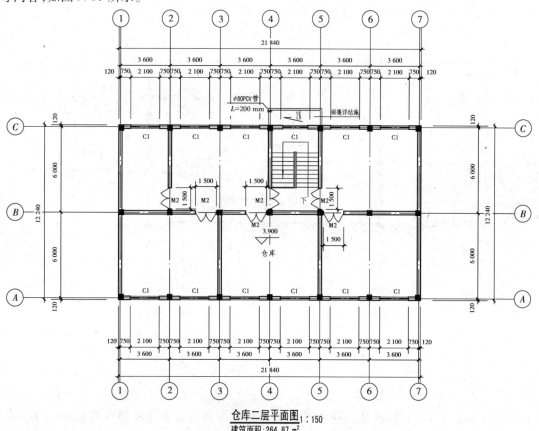

仓库二层平面图 1:150
建筑面积:264.87 m²

图 9.16 某仓库二层平面图

2）建筑立面图

建筑立面图(简称立面图)是与房屋立面平行的投影面上所得到的正投影图。立面图主要表达房屋的外貌,反映房屋的高度、门窗的排列、屋面的形式和立面装修等内容,如图9.17所示。

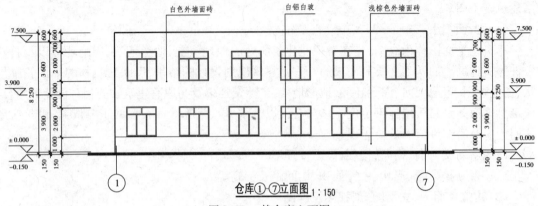

图 9.17　某仓库立面图

3）建筑剖视图

建筑剖视图是根据平面图上标明的剖切位置和投影方向,假想用垂直方向的剖切平面将房屋剖切开后所画出的视图。剖视图主要表达房屋在高度方向的内部构造和结构形式,反映房屋的层次、层高、楼梯、屋面及内部空间关系,如图9.18所示。

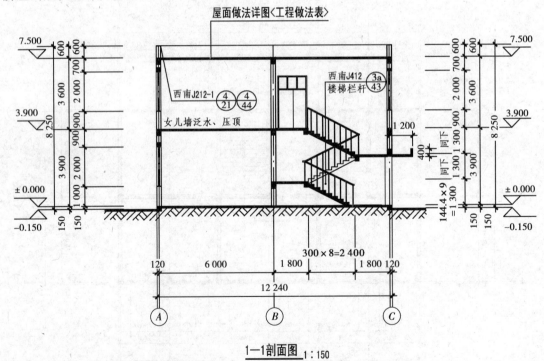

图 9.18　某仓库剖视图

剖视图的剖切位置和数量,要根据房屋的具体情况和需要表达的部位来确定。剖切位置应选择在能反映内部构造比较复杂和典型的部位,并应通过门窗洞。多层房屋的楼梯间一般均应画出剖视图。剖视图的图名及投射方向应与平面上的标注一致。

4）建筑详图

由于平面图、立面图、剖视图所用的绘图比例较小，许多细部往往表示不清楚，为表明某些局部的详细构造，便于施工，常采用较大比例绘制，这种图称为建筑详图。

常用的建筑详图有：

①特殊设备的房间：用详图表明固定设备的形状及其设置。

②特殊装修的房间：须绘出装修详图。

③局部构造详图。

详图的标志要与其索引符号相对应。

（3）建筑装修施工图

随着社会的发展及人们生活水平的提高，对室内外环境质量的要求也越来越高，建筑装修设计及施工，已成为房屋建筑施工中必不可少的内容。

一套房屋的装修施工图，一般应包括装修平面布置图、楼地面装修图、墙柱面装修图、天花装修图以及细部节点详图等，有时为了体现装修效果，还须绘制装修效果图（一般为透视图）等。

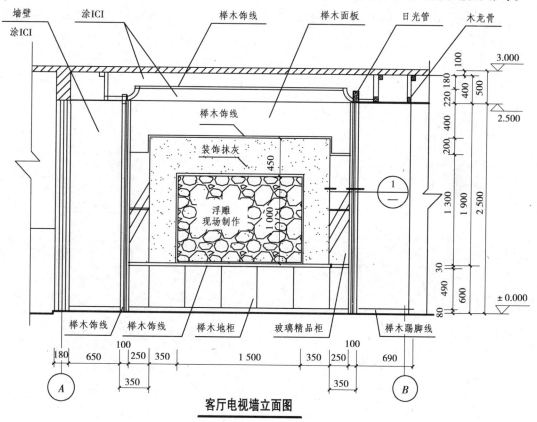

图9.19 客厅立面装修图

1）确定各房间功能，绘制平面布置图

这是进行装修必须解决的首要问题，房屋是否好用，首先在于房屋功能的划分，功能的划分应源于房屋的规划设计，从而为装修设计提供依据。

2）地面装修图

在图中，装饰材料的名称及规格需用文字加以说明，并用细实线反映材料的铺设情况，还应标出拼花的形状及位置,以方便装修施工。

3)天花装修图

该图反映天花吊顶的形状、布置及灯饰的位置,而装饰材料及做法则用文字加以说明。

4)墙面装修图

墙面装修图用立面图表示,用中粗的实线反映重要的结构及造型,用细实线反映墙面的细部构造。天花吊顶的构造及形状在该图中也已反映,而装饰材料及做法则用文字加以说明,如图9.19所示为客厅立面装修图。

第 *10* 章
AutoCAD 2004 简介

AutoCAD 2004 是美国 Autodest 公司开发的 AutoCAD 系列计算机辅助设计和绘图软件的最新版本,即 R16 版。AutoCAD 系列软件从 1982 年 11 月推出以来,随着计算机硬件技术的发展,Autodest 公司不断地对软件进行升级和完善,从最初的 V1.0(R1)版本、V2.0(R5),V2.6(R8)到 R10,R12,R14,2000,2002,2004;其中 R12 以前都是用于 DOS 操作系统的 DOS 版,随着 Windows 视窗操作系统逐步取代 DOS 操作系统,从 R12 开始增加了 Windows 的版本,R14 以后的版本则完全取消了 DOS 版。1997 年发布的 AutoCAD R14 版是该软件改进较大的一个版本。为适应中国市场的要求,Autodest 公司于 1998 年 4 月正式推出 AutoCAD R14 简体中文版,从 AutoCAD R14 以后的版本都有正式的中文版。AutoCAD 2000 是在以前几个 AutoCAD 版本基础上,改进较大的一个版本,对以前版本的命令进行了一定的合并与精简;AutoCAD 2004 在保持前面版本特点的基础上,进一步完善和增加了部分功能,操作使用更加方便,操作界面更加美观。

AutoCAD 软件从最初推出的 V1.0 开始,便受到工程设计人员的欢迎,随着其软件功能的不断提高和完善,在机械、建筑和电子等工程设计领域也得到越来越广泛的应用,是目前计算机 CAD 系统中,使用最广和最为普及的集二维绘图、三维实体造型、关联数据库管理和互联网通讯于一体的通用图形设计软件。

10.1　AutoCAD 2004 界面简介

10.1.1　启动 AutoCAD 2004

在安装了 AutoCAD 2004 软件后,可采用以下方法来启动 AutoCAD 2004:

方法 1:用鼠标双击桌面上 AutoCAD 2004 图标，启动 AutoCAD 2004。

方法 2:单击 Windows 桌面左下角的"开始"按钮,在弹出的菜单中选择"程序→Autodest→AutoCAD 2004-Simplified Chinese→AutoCAD 2004"。

方法 3:从"我的电脑"或"资源管理器"中,双击任一已经存盘的 AutoCAD 2004 图形文件

125

（＊.dwg 文件）。

10.1.2　AutoCAD 2004 的工作界面

在成功启动 AutoCAD 2004 以后,将出现 AutoCAD 2004 的工作界面,如图 10.1 所示。

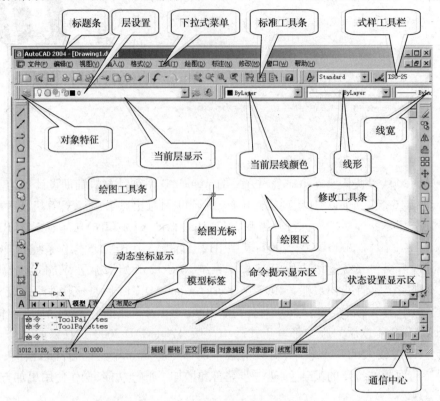

图 10.1　AutoCAD 2004 的工作界面

在默认状态下,AutoCAD 2004 启动后,其修改工具条在窗口的右边,如考虑到与以前版本的使用习惯相同,可将其移动到左边。AutoCAD 2004 工作界面主要包括:标题栏、下拉菜单、绘图区、命令提示区、状态栏、标准工具条、绘图工具条、修改工具条、滚动条及视窗控制按钮等。AutoCAD 2004 与 Windows 及其他应用程序一样,用户可根据需要安排适合自己的工作界面。

下面,对主要功能区做一简要介绍:

（1）标题栏

AutoCAD 2004 的标题栏在工作界面的最上面,显示当前图形的文件名。

（2）状态设置显示区

AutoCAD 2004 的状态行在工作界面的最下面,用来显示当前的操作状态,最左边是坐标显示区,显示当前光标定位点的 X,Y,Z 值,右边是 8 种辅助绘图工具的开关,这些开关按下表示打开,弹起表示关闭。在光标指向相应的辅助绘图工具开关时,单击鼠标右键,可进入该辅助绘图工具的设置对话框,如图 10.2 所示。单击"设置",可进入"对象捕捉"的设置对话框,如图 10.3 所示。

（3）下拉菜单

下拉菜单区里所出现的项目是 Windows 视窗特性功能与 AutoCAD 功能的综合体现,Auto-

图 10.2　进入辅助绘图工具的设置

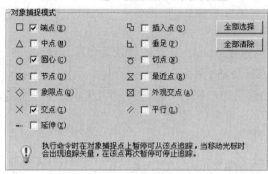

图 10.3　对象捕捉设置对话框

CAD 的绝大多数命令可在此找到。要选取某个菜单项,应将光标移到该菜单项上,使它醒目显示,然后用鼠标单击它。菜单项右边若有一黑色小三角符号的,表示该菜单项有一个级联子菜单,级联菜单如图 10.4 所示。菜单项后面有"…"符号的,表示选中该菜单项时将会弹出一个对话框,用户可通过该对话框进行相应的操作。

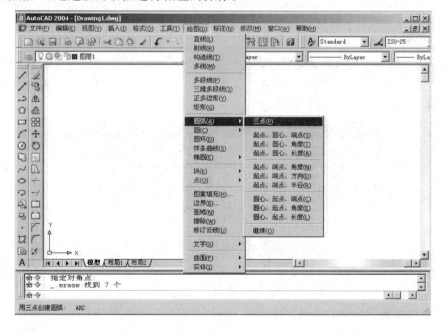

图 10.4　级联下拉菜单

（4）工具条

工具条由常用的绘图工具条和修改工具条组成,是由一系列图标按钮构成的,每一个图标按钮形象化地表示了一条 AutoCAD 命令。单击某一个按钮,即可调用相应的命令。如果把光标指向某个按钮并停顿一下,屏幕上就会显示出该按钮的名称(称为工具条提示),并在状态行中给出该按钮的简要说明。

(5) 绘图区

绘图区是显示所绘制图形的区域。进入绘图状态时,在绘图窗口的光标显示为十字光标,用于绘制图形或修改对象,十字线的交点为光标的当前位置。当光标移出绘图区指向工具条、下拉菜单等项时,光标显示为箭头形式。

在绘图区左下角显示有坐标系图标,它显示了当前所使用的坐标系形式和坐标方向。在AutoCAD 中进行绘图操作,可采用两种坐标系:

1) 世界坐标系(WCS):这是 AutoCAD 系统默认的坐标系统,是固定的坐标系统,绘制图形时,基本上是在这个坐标系统下进行的;

2) 用户坐标系(UCS):这是用户利用 UCS 命令相对于世界坐标系重新定位、定向的坐标系。在默认状态下,当前 UCS 与 WCS 重合。

(6) 命令提示区

命令提示区也称为文本区,是用户输入命令(Command)和显示命令提示信息的地方。命令提示区缺省状态是显示 3 行,在绘图过程中,应时刻注意这个区的提示信息。

10.2 AutoCAD 2004 的主要功能

作为一种使用范围较广的计算机辅助设计软件包,AutoCAD 系列软件经过不断的改进和完善,其功能十分强大。下面仅对其主要的功能做一简要介绍。

(1) 二维绘图功能

AutoCAD 提供了一系列较为完善且强大的二维绘图功能,可方便地绘制各种二维的工程图样,AutoCAD 绘图命令让使用者轻松地绘制直线、圆、圆弧、正多边形,进行各种剖面的剖面线填充,如金属材料、非金属材料等,绘图工具条及功能如图 10.5 所示。

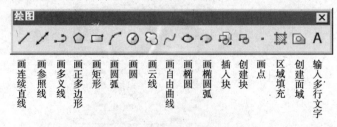

图 10.5　绘图工具条及功能

AutoCAD 还提供方便的尺寸标注功能和文本输入功能,用户可自己定义尺寸的标注样式,可标注形位公差和尺寸公差,尺寸标注工具条及功能如图 10.6 所示。

(2) 图形修改编辑和辅助绘图功能

AutoCAD 提供了方便的图形编辑和修改功能,如图形的删除、移动、旋转、复制、修剪、延长、倒角、阵列和镜像等,修改工具条及功能如图 10.7 所示。

AutoCAD 还提供多种辅助绘图工具,如栅格、捕捉、正交以及极轴追踪等,可很方便地绘制水平线及垂线。为了便于图形的修改,还提供对图层、线型和图层颜色的设置与管理功能,如图 10.8 所示为"图层"工具栏。

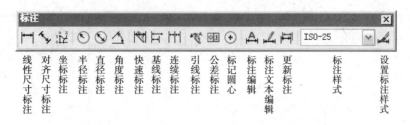

图 10.6　尺寸标注工具条及功能

图 10.7　修改工具条及功能

图 10.8　"图层"工具栏

由于计算机屏幕的显示较小,因此,AutoCAD 提供多种方法来显示和观察图形,用"缩放"、"平移"等功能可在窗口中移动图纸,或者改变当前视窗中图形的视觉尺寸,可清晰地观察图形的全部或图形的一个局部细节。

用 AutoCAD 绘制的零件图样如图 10.9 所示。

（3）三维实体绘图命令

AutoCAD 提供了多种三维绘图命令,可方便地生成各种基本的几何实体,如长方体、圆柱体、球体、圆锥体、圆环体等;在此基础上,对立体运用交、并、差等布尔运算命令,可生成更为复杂的三维实体,还可用三维实体直接生成二维平面图形。对生成的实体可为其设置光源并赋予材质,进行渲染处理,从而得到非常逼真的三维效果图。支座的三维实体造型如图 10.10 所示,渲染处理后的效果如图 10.11 所示。

作为计算机辅助设计功能的一部分,对生成的实体可方便地运用查询功能,得到实体的质量、体积、质心和惯性矩等设计参数。

（4）数据交换与二次开发功能

AutoCAD 提供了多种图形、图像数据交换格式和相应的命令,与其他 CAD 系统或应用程序进行数据交换。利用 Windows 环境中剪切板和对象链接嵌入技术,与 Windows 应用程序交换数据。

AutoCAD 提供有多种编程接口,支持用户使用内嵌或外部编程语言,如:Auto LISP,Visual Lisp,Visual C ++ ,Visual Basic(VB)等对其进行二次开发,以扩充 AutoCAD 的功能。

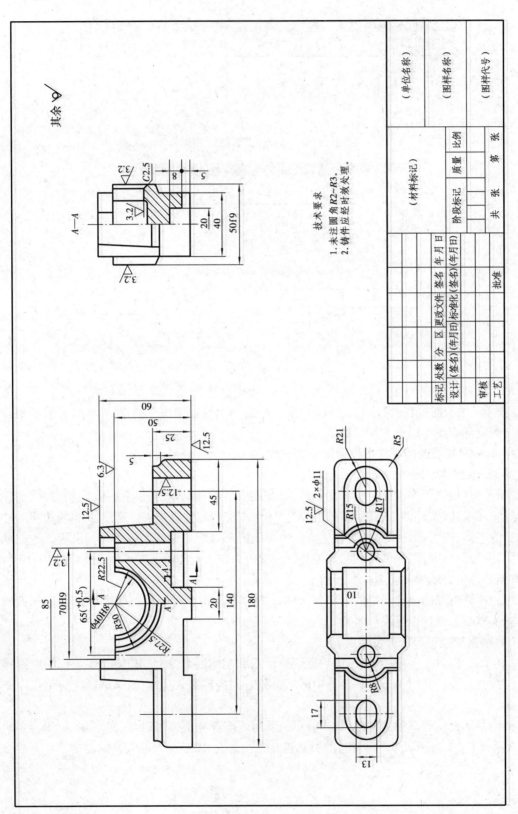

图10.9 轴承座零件图

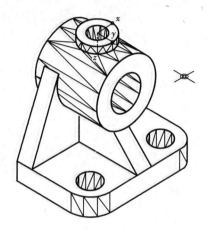

图 10.10　支座线框图

图 10.11　渲染后的支座图

10.3　使用 AutoCAD 2004 绘图示例

下面以绘制如图 10.12 所示的手柄为例,简述用 AutoCAD 命令绘图的方法。

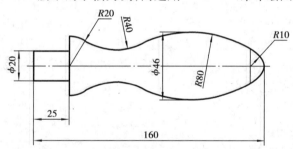

图 10.12　手柄

在图层控制栏中,将点画线置为当前层。

命令:单击 ✎（直线）命令图标按钮

画手柄的中心线。

在图层控制栏中,将粗实线置为当前层。

命令:单击 ✎ 命令图标按钮

_line 指定第一点:在轴线合适位置拾取一点

指定下一点或［放弃(U)］: 10　　　　//在与轴线垂直的方向绘制 $\phi20$ 的一半

指定下一点或［放弃(U)］: 25　　　　//绘制 $\phi20$ 的长度↙

命令:单击 ✎ 命令图标按钮

_line 指定第一点:利用对象追踪拾取长度 25 与轴线的交点

指定下一点或［放弃(U)］: 20　　　　//绘制 $R20$ 的基线

命令：单击 ◉（圆）命令图标按钮

_circle 指定圆的圆心：   //拾取 $R20$ 的圆心

指定圆的半径或［直径（D）］:20

命令：单击⊘命令图标按钮

_circle 指定圆的圆心：利用对象追踪拾取长度 150 与轴线的交点

指定圆的半径或［直径（D）］＜20.0000＞:10   //绘制 $R10$ 的圆

结果如图 10.13 所示。

图 10.13

命令：单击👝（偏移）命令图标按钮

_offset 指定偏移距离或［通过（T）］:23   //作 $R80$ 的辅助线；

选择要偏移的对象或 ＜退出＞：   //选择轴线

指定点以确定偏移所在一侧：   //选择轴线的上方

命令：单击⊘命令图标按钮

_circle 指定圆的圆心或［三点（3P）/两点（2P）/相切、相切、半径（T）］:_ttr

指定对象与圆的第一个切点：   //选择 $R10$ 的圆

指定对象与圆的第二个切点：   //选择偏移的辅助线

指定圆的半径 ＜10.0000＞:80   //绘制与 $R10$ 和 $\phi46$ 相切的圆

命令：_circle 指定圆的圆心或［三点（3P）/两点（2P）/相切、相切、半径（T）］:_ttr

指定对象与圆的第一个切点：   //选择 $R80$ 的圆

指定对象与圆的第二个切点：   //选择 $R20$ 的圆

指定圆的半径 ＜80.0000＞:40   //绘制与 $R80$ 和 $R20$ 相切的圆

结果如图 10.14 所示。

命令：单击🗲（修剪）命令图标按钮

_trim 将不要的线去掉

选择剪切边   //选择作为修剪边界的图形对象

选择要修剪的对象或［投影（P）/边（E）/放弃（U）］//选择要修剪的对象↙

结果如图 10.14 所示。

命令：单击🜨（镜像）命令图标按钮

_mirror 找到 8 个

指定镜像线的第一点：   //在轴线上指定第一点

指定镜像线的第二点：   //在轴线上指定第二点

是否删除源对象？［是（Y）/否（N）］＜N＞↙

结果如图 10.15 所示（尺寸标注略）。

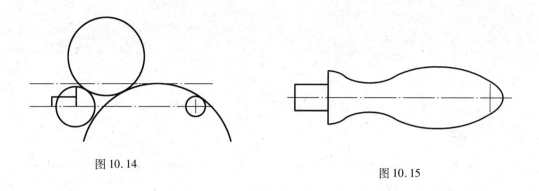

图 10.14

图 10.15

附　录

（1）**螺纹**

附表 1　普通螺纹（GB/T 193—1981）

标记示例
粗牙普通螺纹,公称直径 20 mm,右旋,中径公差代号 5g,顶径公差代号 6g,长旋合长度的外螺纹:
M20 – 5g6g – L
细牙普通螺纹,公称直径 20 mm,螺距 1.5 mm,左旋,中径和顶径公差代号 6H,中等旋合长度的内螺纹:
M20 × 1.5LH – 6H
单位:mm

公称直径 D,d		螺距 P		粗牙小径 D_1,d_1	公称直径 D,d		螺距 P		粗牙小径 D_1,d_1
第一系列	第二系列	粗牙	细牙		第一系列	第二系列	粗牙	细牙	
3		0.5	0.35	2.459	12		1.75	1.5,1.25,1,(0.75),(0.5)	10.106
	3.5	(0.6)		2.850					
4		0.7	0.5	3.242		14	2	1.5,(1.25),1,(0.75),(0.5)	11.835
	4.5	(0.75)		3.688					
5		0.8		4.134	16		2	1.5,1,(0.75),(0.5)	13.835
6		1	0.75,(0.5)	4.917					
8		1.25	1,0.75,(0.5)	6.647		18	2.5	2,1.5,1,(0.75),(0.5)	15.294
10		1.5	1.25,1,0.75,(0.5)	8.376	20		2.5		17.294
						22	2.5	2,1.5,1(0.75),(0.5)	19.294

134

公称直径 D,d		螺 距 P		粗牙小径 D_1,d_1	公称直径 D,d		螺 距 P		粗牙小径 D_1,d_1
第一系列	第二系列	粗牙	细牙		第一系列	第二系列	粗牙	细牙	
24		3	2,1.5,1,(0.75)	20.752	42		4.5		37.129
	27	3	2,1.5,1,(0.75)	23.752		45	4.5		40.129
30		3.5	(3),2,1.5,1,(0.75)	26.211	48		5	(4),3,2,1.5,(1)	42.587
	33	3.5	(3),2,1.5,(1),(0.75)	29.211		52	5		46.587
36		4	3,2,1.5,(1)	31.670	56		5.5	4,3,2,1.5,(1)	50.046
	39	4		34.670					

注:1.优先选用第一系列,括号内尺寸尽可能不用;

　　2.第三系列未列入;

　　3.中径 D_2,d_2 未列入;

　　4.细牙螺纹的中径和小径,随螺距的不同而不同,具体数值参见 GB/T 196—1981。

附表2　非螺纹密封的管螺纹的基本尺寸(GB/T 7307—1987)

标 记 示 例:
尺 寸 代 号 1 1/2 的 左 旋 A 级 外 螺 纹
G1 1/2A – LH
单位:mm

尺寸代号	每25.4 mm内的牙数 n	螺距 P	牙高 h	圆弧半径 $r \approx$	基 本 直 径		
					大径 $d = D$	中径 $d_2 = D_2$	小径 $d_1 = D_1$
1/16	28	0.907	0.581	0.125	7.723	7.142	6.561
1/8	28	0.907	0.581	0.125	9.728	9.147	8.566
1/4	19	1.337	0.856	0.184	13.157	12.301	11.445
3/8	19	1.337	0.856	0.184	16.662	15.806	14.950
1/2	14	1.814	1.162	0.249	20.955	19.793	18.631
5/8	14	1.814	1.162	0.249	22.911	21.749	20.587
3/4	14	1.814	1.162	0.249	26.441	25.279	24.117
7/8	14	1.814	1.162	0.249	30.201	29.039	27.877

续表

尺寸代号	每 25.4 mm 内的牙数 n	螺距 P	牙高 h	圆弧半径 $r \approx$	基 本 直 径		
					大径 $d = D$	中径 $d_2 = D_2$	小径 $d_1 = D_1$
1	11	2.309	1.479	0.317	33.249	31.770	30.291
1 1/3	11	2.309	1.479	0.317	37.897	36.418	34.939
1 1/2	11	2.309	1.479	0.317	41.910	40.431	38.952
1 2/3	11	2.309	1.479	0.317	47.803	46.324	44.845
1 3/4	11	2.309	1.479	0.317	53.746	52.267	50.788
2	11	2.309	1.479	0.317	59.614	58.135	56.656
2 1/4	11	2.309	1.479	0.317	65.710	64.231	62.752
2 1/2	11	2.309	1.479	0.317	75.184	73.705	72.226
2 3/4	11	2.309	1.479	0.317	81.534	80.055	78.576
3	11	2.309	1.479	0.317	87.884	86.405	84.926
3 1/2	11	2.309	1.479	0.317	100.330	98.851	97.372
4	11	2.309	1.479	0.317	113.030	111.551	110.072
4 1/2	11	2.309	1.479	0.317	125.730	124.251	122.772
5	11	2.309	1.479	0.317	138.430	136.951	135.472
5 1/2	11	2.309	1.479	0.317	151.130	149.651	148.172
6	11	2.309	1.479	0.317	163.830	162.351	160.872

注:本标准适用于管接头、旋塞、阀门及其附件。

(2) 常用的标准件

附表 3　六角头螺栓—A 和 B 级(GB/T 5782—2000)、
六角头螺栓—全螺纹 A 和 B 级(GB/T 5783—2000)

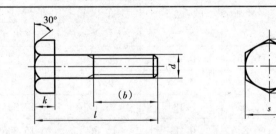

标记示例

螺纹规格 $d = M12$,公称长度 $l = 80$ mm,性能等级为 8.8 级,表面氧化,A 级的六角头螺栓:

螺栓 GB/T 5782—2000　M12 × 80

单位:mm

螺纹规格 d	M3	M4	M5	M6	M8	M10	M12	M16	M20	M24	M30	M36
s	5.5	7	8	10	13	16	18	24	30	36	46	55
k	2	2.8	3.5	4	5.3	6.4	7.5	10	12.5	15	18.7	22.5
r	0.1	0.2	0.2	0.25	0.4	0.4	0.6	0.6	0.8	0.8	1	1

螺纹规格 d		M3	M4	M5	M6	M8	M10	M12	M16	M20	M24	M30	M36
e	A	6.01	7.66	8.79	11.05	14.38	17.77	20.03	26.75	33.53	39.98	—	—
	B	5.88	7.5	8.63	10.89	14.20	17.59	19.85	26.17	32.95	39.55	50.85	51.11
b	$l \leqslant 125$	12	14	16	18	22	26	30	38	46	54	66	78
	$125 < l \leqslant 200$	18	20	22	24	28	32	36	44	52	60	72	84
	$l > 200$	31	33	35	37	41	45	49	57	65	73	85	97
l 范围（GB/T 5782）		20～30	25～40	25～50	30～60	40～80	45～100	50～120	65～160	80～200	90～240	100～300	140～360
l 范围（GB/T 5783）		6～30	8～40	10～50	12～60	16～80	20～100	30～120	30～150	40～150	50～150	60～200	70～2 000
L 系列		6,8,10,12,16,20,25,30,35,40,45,50,55,60,65,70,80,90,100,110,120,130,140,150,160,180,200,220,240,260,280,300,320,340,360,380,400,420,440,460,480,500											

注：A 和 B 为产品性能等级。

附表4　内六角头圆柱螺钉（GB/T 70.1—2000）

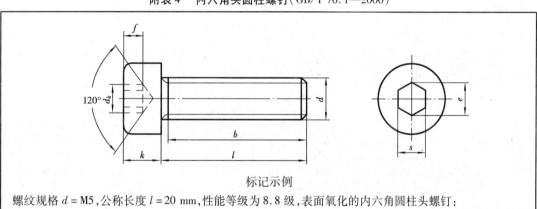

标记示例

螺纹规格 d = M5,公称长度 l = 20 mm,性能等级为 8.8 级,表面氧化的内六角圆柱头螺钉:

螺钉 GB/T 70.1—2000　M5×20

单位:mm

螺纹规格 d	M3	M4	M5	M6	M8	M10	M12	M16	M20
$d_{k\max}$	5.5	7	8.5	10	13	16	18	24	30
$k_{\max}$	3	4	5	6	8	10	12	16	20
$f_{\min}$	1.3	2	2.5	3	4	5	6	8	10
r	0.1	0.2	0.2	0.25	0.4	0.4	0.6	0.6	0.8
s	2.5	3	4	5	6	8	10	14	17
e	2.87	3.44	4.58	5.72	6.86	9.15	11.13	16.00	19.44

续表

螺纹规格 d	M3	M4	M5	M6	M8	M10	M12	M16	M20
b 参考	18	20	22	24	28	32	36	44	52
l 系列	6,8,10,12,(14),(16),20,25,30,35,40,45,50,(55),60,(65),70,80,90,100, 120,130,140,150,160,180,200								

注:1. b 不包括螺尾。

　　2. M3－20 为商品规格。

附表5　开槽锥端紧定螺钉(GB/T 71—1985)、开槽平端紧定螺钉(GB/T 73—1985)、

开槽长圆柱端紧定螺钉(GB/T 75—1985)

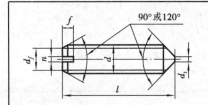

标记示例

螺纹规格 d = M5,公称长度 l = 12 mm,性能等级为 14 H 级,表面氧化的开槽平端紧定螺钉:

螺钉 GB/T 73　M5×12

单位:mm

螺纹规格 d	M2	M2.5	M3	M4	M5	M6	M8	M10	M12
d_f	螺 纹 小 径								
d_t	0.2	0.25	0.3	0.4	0.5	1.5	2	2.5	3
d_p	1	1.5	2	2.5	3.5	4	5.5	7	8.5
n	0.25	0.4	0.4	0.6	0.8	1	1.2	1.6	2
t	0.84	0.95	1.05	1.42	1.63	2	2.5	3	3.6
z	1.25	1.25	1.75	2.25	2.75	3.25	4.3	5.3	6.3
l 系列	2,2.5,3,4,5,6,8,10,(14),16,20,25,30,35,40,45,50,(55),60								

附表6　垫　圈

平垫圈—A 级（GB /T 97.1—2002）、平垫圈—倒角型 A 级（GB /T 97.2—2002）

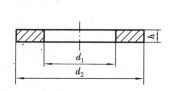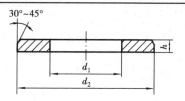

标记示例

标准系列、公称尺寸 $d = 8$ mm,性能等级为 140 HV 级,不经表面处理的平垫圈:

垫圈 GB/T 97.1　8

单位:mm

规格 （螺纹直径）d	2	2.5	3	4	5	6	8	10	12	14	16	20	24	30
内径 d_1	2.2	2.7	3.2	4.3	5.3	6.4	8.4	10.5	13	15	17	21	25	31
外径 d_2	5	6	7	9	10	12	16	20	24	28	30	37	44	56
厚度 h	0.3	0.5	0.5	0.8	1	1.6	1.6	2	2.5	2.5	3	3	4	4

附表7　双头螺柱

$b_m = 1d$(GB /T 897—1988)　　　$b_m = 1.25d$(GB/T 898—1988)

$b_m = 1.5d$ (GB/T 899—1988)　$b_m = 2d$ (GB /T 900—1988)

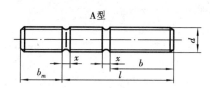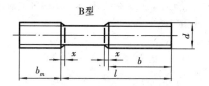

标记示例

两端均为粗牙普通螺纹,螺纹规格 $d = $ M10,公称直径 $l = 50$ mm,性能等级为 4.8 级,不经表面处理,B 型,$b_m = 1d$ 的双头螺柱:

螺柱 GB/T 897—1988　M10 $\times$ 50

旋入端为粗牙普通螺纹,紧固端为螺距 $P = 1$ mm 的细牙普通螺纹,$d = 10$ mm,$l = 50$ mm,性能等级为 4.8 级,不经表面处理,A 型,$b_m = 1.25 d$ 的双头螺柱:

螺柱 GB/T 898—1988　A M10—M10 $\times 1 \times 50$

单位:mm

续表

螺纹规格 d	b_m				x_{max}	l/b
	GB/T 897—1988	GB/T 898—1988	GB/T 899—1988	GB/T 900—1988		
M5	5	6	8	10		$\dfrac{16\sim20}{10},\dfrac{25\sim50}{16}$
M6	6	8	10	12		$\dfrac{20}{10},\dfrac{25\sim30}{14},\dfrac{35\sim70}{18}$
M8	8	10	12	16		$\dfrac{20}{12},\dfrac{25\sim30}{16},\dfrac{35\sim90}{22}$
M10	10	12	15	20	$2.5\,P$	$\dfrac{20}{14},\dfrac{30\sim35}{16},\dfrac{40\sim120}{26},\dfrac{130}{22}$
M12	12	15	18	24		$\dfrac{25\sim30}{16},\dfrac{35\sim40}{20},\dfrac{45\sim120}{30},\dfrac{130\sim180}{36}$
M16	16	20	24	32		$\dfrac{35\sim40}{20},\dfrac{45\sim55}{30},\dfrac{60\sim120}{38},\dfrac{130\sim200}{44}$
M20	20	25	20	19.48		$\dfrac{35\sim40}{25},\dfrac{45\sim60}{35},\dfrac{70\sim120}{46},\dfrac{130\sim200}{52}$

注:1. 本表未列入 GB/T 899—88, GB/T 900—88 两种规格。

2. P 表示螺距。

3. l 的长度系列:16, 20, 25, 30, 35, 40, 45, 50, (55), 60, (65), 70, (75), 80, (85) 90, (95), 100~200 (十进位)。括号内数值尽可能不采用。

附表 8 螺 母

Ⅰ型六角螺母—C级(GB/T 41—2000)、Ⅰ型六角螺母(GB/T 6170—2000)、

六角薄螺母(GB/T 6172.1—2000)

标记示例

螺纹规格 D = M12,性能等级为 5 级,不经表面处理,C 级的 Ⅰ 型六角螺母:

螺母 GB/T 41 M12

单位:mm

螺纹规格 D		M5	M6	M8	M10	M12	(M14)	M16	M20	M24	M30
e	GB/T 41	8.63	10.89	14.20	17.59	19.85	22.78	26.17	32.95	39.59	50.85
	GB/T 6170	8.79	11.05	14.38	17.77	20.03	23.36	26.75	32.95	39.59	50.85
	GB/T 6172.1	8.79	11.05	14.38	17.77	20.03	23.36	26.75	32.95	39.59	50.85
s		8	10	13	16	18	21	24	30	36	41
m_{max}	GB/T 41	4.7	5.2	6.8	8.4	10.8	12.8	15.8	18	21.5	25.6
	GB/T 6170	2.7	3.2	4	5	5	7	8	10	12	15
	GB/T 6172.1	5.6	6.4	7.9	9.5	12.2	13.9	15.9	19	22.3	26.4

注:1. A 级用于 $D \leqslant 16$ 的螺母;B 级用于 $D > 16$ 的螺母。本表仅按商品规格和通用规格列出。

2. 螺纹规格为 M8 ~ M64、细牙、A 级和 B 级的 I 型六角螺母,请查阅 GB/T 6170。

附表9 标准型弹簧垫圈(GB/T 93—1987)

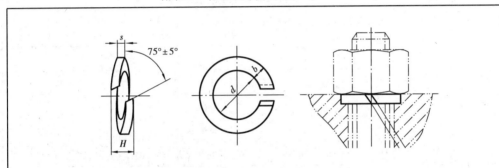

标记示例

公称直径 16 mm,材料为 65 Mn,表面氧化的标准型弹簧垫圈:

垫圈 GB/T 93 16

单位:mm

规格(螺纹直径)	4	5	6	8	10	12	16	20	24	30
d	4.1	5.1	6.2	8.2	10.2	12.3	16.3	20.5	24.5	30.5
$S(b)$	1.2	1.6	2	2.5	3	3.5	4	5	6	6.5
H_{max}	2.4	3.2	4	5	6	7	8	10	12	13
$m \leqslant$	0.4	0.5	0.6	0.8	1	1.2	1.6	2	2.4	3

附表 10 键和键槽的剖面尺寸（GB/T 1095—1979）、
普通平键的形式和尺寸（GB/T 1096—1979）

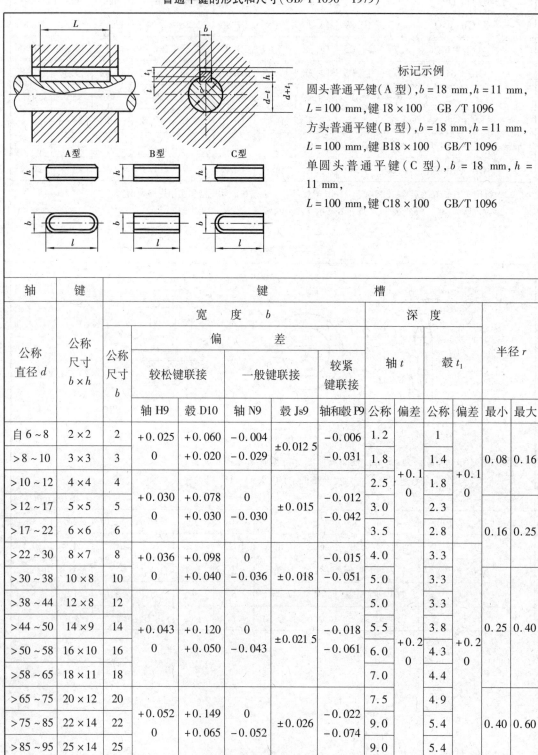

标记示例

圆头普通平键（A 型），$b = 18$ mm，$h = 11$ mm，$L = 100$ mm，键 18×100　GB/T 1096

方头普通平键（B 型），$b = 18$ mm，$h = 11$ mm，$L = 100$ mm，键 B18×100　GB/T 1096

单圆头普通平键（C 型），$b = 18$ mm，$h = 11$ mm，

$L = 100$ mm，键 C18×100　GB/T 1096

轴	键		键					槽					
			宽　度　b							深　度			
				偏　差				轴 t		毂 t_1		半径 r	
公称直径 d	公称尺寸 $b \times h$	公称尺寸 b	较松键联接		一般键联接		较紧键联接						
			轴 H9	毂 D10	轴 N9	毂 Js9	轴和毂 P9	公称	偏差	公称	偏差	最小	最大
自 6~8	2×2	2	+0.025　0	+0.060　+0.020	−0.004　−0.029	±0.012 5	−0.006　−0.031	1.2	+0.1　0	1	+0.1　0	0.08	0.16
>8~10	3×3	3						1.8		1.4			
>10~12	4×4	4	+0.030　0	+0.078　+0.030	0　−0.030	±0.015	−0.012　−0.042	2.5		1.8		0.16	0.25
>12~17	5×5	5						3.0		2.3			
>17~22	6×6	6						3.5		2.8			
>22~30	8×7	8	+0.036　0	+0.098　+0.040	0　−0.036	±0.018	−0.015　−0.051	4.0		3.3			
>30~38	10×8	10						5.0		3.3			
>38~44	12×8	12	+0.043　0	+0.120　+0.050	0　−0.043	±0.021 5	−0.018　−0.061	5.0	+0.2　0	3.3	+0.2　0	0.25	0.40
>44~50	14×9	14						5.5		3.8			
>50~58	16×10	16						6.0		4.3			
>58~65	18×11	18						7.0		4.4			
>65~75	20×12	20	+0.052　0	+0.149　+0.065	0　−0.052	±0.026	−0.022　−0.074	7.5		4.9		0.40	0.60
>75~85	22×14	22						9.0		5.4			
>85~95	25×14	25						9.0		5.4			

附表 11 圆柱销、不淬硬钢和奥氏体不锈钢（GB/T 119.1—2000）

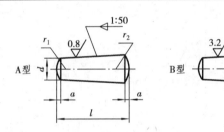

标记示例

公称直径 $d = 8$ mm,公差为 m6,长度 $l = 30$ mm,材料为 35 钢,不经淬火,不经表面处理的圆柱销:

销 GB /T 119.1 8m6×30

单位:mm

d(公称)	0.6	0.8	1	1.2	1.5	2	2.5	3	4	5
$c \approx$	0.12	0.16	0.20	0.25	0.30	0.35	0.40	0.50	0.63	0.80
l(商品规格范围公称长度)	2~6	2~8	4~10	4~12	4~16	6~20	6~24	8~30	8~40	10~50
d(公称)	6	8	10	12	16	20	25	30	40	50
$c \approx$	1.2	1.6	2.0	2.5	3.0	3.5	4.0	5.0	6.3	8.0
l(商品规格范围公称长度)	12~60	14~80	18~95	22~140	26~180	35~200	50~200	60~200	80~200	95~200
l(系列)	2,3,4,5,6,8,10,12,14,16,18,20,22,24,26,28,30,32,35,40,45,50,55,60,65,70,75,80,85,90,95,100,120,140,160,180,200									

附表 12 圆锥销（GB/T 117—2000）

$r_1 = d$

$r_2 = \dfrac{a}{2} + d + \dfrac{(0.02l)^2}{8a}$

标记示例

公称直径 $d = 10$ mm,公称长度 $l = 60$ mm,材料为 35 钢,热处理硬度 28~38HRC,表面氧化处理的 A 型圆锥销:

销 GB /T 117 10×60

单位:mm

d(公称)	0.6	0.8	1	1.2	1.5	2	2.5	3	4	5
$a \approx$	0.08	0.1	0.12	0.16	0.2	0.25	0.3	0.4	0.5	0.63
l(商品规格范围公称长度)	4~8	5~12	6~16	6~20	8~24	10~35	10~35	12~45	14~55	18~60
d(公称)	6	8	10	12	16	20	25	30	40	50
$a \approx$	0.8	1	1.2	1.6	2	2.5	3	4	5	6.3
l(商品规格范围公称长度)	22~90	22~120	26~160	32~180	40~200	45~200	50~200	55~200	60~200	65~200
l(系列)	2,3,4,5,6,8,10,12,14,16,18,20,22,24,26,28,30,32,35,40,45,50,55,60,65,70,75,80,85,90,95,100,120,140,160,180,200									

（3）极限与配合

附表13　标准公差数值（GB/T 1800.3—1998）

基本尺寸/mm 大于	至	IT1	IT2	IT3	IT4	IT5	IT6	IT7	IT8	IT9	IT10	IT11	IT12	IT13	IT14	IT15	IT16	IT17	IT18
						μm										mm			
—	3	0.8	1.2	2	3	4	6	10	14	25	40	60	0.1	0.14	0.25	0.4	0.6	1	1.4
3	6	1	1.5	2.5	4	5	8	12	18	30	48	75	0.12	0.18	0.3	0.48	0.75	1.2	1.8
6	10	1	1.5	2.5	4	6	9	15	22	36	58	90	0.15	0.22	0.36	0.58	0.9	1.5	2.2
10	18	1.2	2	3	5	8	11	18	27	43	70	110	0.18	0.27	0.43	0.7	1.1	1.8	2.7
18	30	1.5	2.5	4	6	9	13	21	33	52	84	130	0.21	0.33	0.52	0.84	1.3	2.1	3.3
30	50	1.5	2.5	4	7	11	16	25	39	62	100	160	0.25	0.39	0.62	1	1.6	2.5	3.9
50	80	2	3	5	8	13	19	30	46	74	120	190	0.3	0.46	0.74	1.2	1.9	3	4.6
80	120	2.5	4	6	10	15	22	35	54	87	140	220	0.35	0.54	0.87	1.4	2.2	3.5	5.4
120	180	3.5	5	8	12	18	25	40	63	100	160	250	0.4	0.63	1	1.6	2.5	4	6.3
180	250	4.5	7	10	14	20	29	46	72	115	185	290	0.46	0.72	1.15	1.85	2.9	4.6	7.2
250	315	6	8	12	16	23	32	52	81	130	210	320	0.52	0.81	1.3	2.1	3.2	5.2	8.1
315	400	7	9	13	18	25	36	57	89	140	230	360	0.57	0.89	1.4	2.3	3.6	5.7	8.9
400	500	8	10	15	20	27	40	63	97	155	250	400	0.63	0.97	1.55	2.5	4	6.3	9.7
500	630	9	11	16	22	32	44	70	110	175	280	440	0.7	1.1	1.75	2.8	4.4	6.3	9.7
630	800	10	13	18	25	36	50	80	125	200	320	500	0.8	1.25	2	3.2	5	8	12.5
800	1 000	11	15	21	28	40	56	90	140	230	360	560	0.9	1.4	2.3	3.6	5.6	9	14
1 000	1 250	13	18	24	33	47	66	105	165	260	420	660	1.05	1.65	2.6	4.2	6.6	10.5	16.5
1 250	1 600	15	21	29	39	55	78	125	195	310	500	780	1.25	1.95	3.1	5	7.8	12.5	19.5
1 600	2 000	18	25	35	46	65	92	150	230	370	600	920	1.5	2.3	3.7	6	9.2	15	23
2 000	2 500	22	30	41	55	78	110	175	280	440	700	1 100	1.75	2.8	4.4	7	11	17.5	28
2 500	3 150	26	36	50	68	96	135	210	330	540	860	1 350	2.1	3.3	5.4	8.6	13.5	21	33

标准公差等级

附表14　优先配合中轴的极限偏差(GB/T 1800.4—1999)

基本尺寸/mm		公差带																
		c	d	f		g		h					k		n	p	s	u
大于	至	11	9	7	8	6	7	6	7	8	9	11	6	7	6	6	6	6
—	3	−60 −120	−20 −45	−6 −16	−6 −20	−2 −8	−2 −12	0 −6	0 −10	0 −14	0 −25	0 −60	+6 0	+10 0	+10 +4	+12 +6	+20 +14	+24 +18
3	6	−70 −145	−30 −60	−10 −22	−10 −28	−4 −12	−4 −16	0 −8	0 −12	0 −18	0 −30	0 −75	+9 +1	+13 +1	+16 +8	+20 +12	+27 +19	+31 +23
6	10	−80 −170	−40 −76	−13 −28	−13 −35	−5 −14	−5 −20	0 −9	0 −15	0 −22	0 −36	0 −90	+10 +1	+16 +1	+19 +10	+24 +15	+32 +23	+37 +28
10	14	−95 −205	−50 −93	−16 −34	−16 −43	−6 −17	−6 −24	0 −11	0 −18	0 −27	0 −43	0 −110	+12 +1	+19 +1	+23 +12	+29 +18	+39 +28	+44 +33
14	18	−95 −205	−50 −93	−16 −34	−16 −43	−6 −17	−6 −24	0 −11	0 −18	0 −27	0 −43	0 −110	+12 +1	+19 +1	+23 +12	+29 +18	+39 +28	+44 +33
18	24	−110 −240	−65 −117	−20 −41	−20 −53	−7 −20	−7 −28	0 −13	0 −21	0 −33	0 −52	0 −130	+15 +2	+23 +2	+28 +15	+35 +22	+48 +35	+54 +41
24	30	−110 −240	−65 −117	−20 −41	−20 −53	−7 −20	−7 −28	0 −13	0 −21	0 −33	0 −52	0 −130	+15 +2	+23 +2	+28 +15	+35 +22	+48 +35	+61 +48
30	40	−120 −280	−80 −142	−25 −50	−25 −64	−9 −25	−9 −34	0 −16	0 −25	0 −39	0 −62	0 −160	+18 +2	+27 +2	+33 +17	+42 +26	+59 +43	+76 +60
40	50	−130 −290	−80 −142	−25 −50	−25 −64	−9 −25	−9 −34	0 −16	0 −25	0 −39	0 −62	0 −160	+18 +2	+27 +2	+33 +17	+42 +26	+59 +43	+86 +70
50	65	−140 −330	−100 −174	−30 −60	−30 −76	−10 −29	−10 −40	0 −19	0 −30	0 −46	0 −74	0 −190	+21 +2	+32 +2	+39 +20	+51 +32	+72 +53	+106 +87
65	80	−150 −340	−100 −174	−30 −60	−30 −76	−10 −29	−10 −40	0 −19	0 −30	0 −46	0 −74	0 −190	+21 +2	+32 +2	+39 +20	+51 +32	+78 +59	+121 +102
80	100	−170 −390	−120 −207	−36 −71	−36 −90	−12 −34	−12 −47	0 −22	0 −35	0 −54	0 −87	0 −220	+25 +3	+38 +3	+45 +23	+59 +37	+93 +71	+146 +124
100	120	−180 −400	−120 −207	−36 −71	−36 −90	−12 −34	−12 −47	0 −22	0 −35	0 −54	0 −87	0 −220	+25 +3	+38 +3	+45 +23	+59 +37	+101 +79	+166 +144
120	140	−200 −450	−145 −245	−43 −83	−43 −106	−14 −39	−14 −54	0 −25	0 −40	0 −63	0 −100	0 −250	+28 +3	+43 +3	+52 +27	+68 +43	+117 +92	+195 +170
140	160	−210 −460	−145 −245	−43 −83	−43 −106	−14 −39	−14 −54	0 −25	0 −40	0 −63	0 −100	0 −250	+28 +3	+43 +3	+52 +27	+68 +43	+125 +100	+215 +190
160	180	−230 −480	−145 −245	−43 −83	−43 −106	−14 −39	−14 −54	0 −25	0 −40	0 −63	0 −100	0 −250	+28 +3	+43 +3	+52 +27	+68 +43	+133 +108	+235 +210
180	200	−240 −530	−170 −285	−50 −96	−50 −122	−15 −44	−15 −61	0 −29	0 −46	0 −72	0 −115	0 −290	+33 +4	+50 +4	+60 +31	+79 +50	+151 +122	+265 +236
200	225	−260 −550	−170 −285	−50 −96	−50 −122	−15 −44	−15 −61	0 −29	0 −46	0 −72	0 −115	0 −290	+33 +4	+50 +4	+60 +31	+79 +50	+159 +130	+287 +258
225	250	−280 −570	−170 −285	−50 −96	−50 −122	−15 −44	−15 −61	0 −29	0 −46	0 −72	0 −115	0 −290	+33 +4	+50 +4	+60 +31	+79 +50	+169 +140	+313 +284
250	280	−300 −620	−190 −320	−56 −108	−56 −137	−17 −49	−17 −69	0 −32	0 −52	0 −81	0 −130	0 −320	+36 +4	+56 +4	+66 +34	+88 +56	+190 +158	+347 +315
280	315	−330 −650	−190 −320	−56 −108	−56 −137	−17 −49	−17 −69	0 −32	0 −52	0 −81	0 −130	0 −320	+36 +4	+56 +4	+66 +34	+88 +56	+202 +170	+382 +350
315	355	−360 −720	−210 −350	−62 −119	−62 −151	−18 −54	−18 −75	0 −36	0 −57	0 −89	0 −140	0 −360	+40 +4	+61 +4	+73 +37	+98 +62	+226 +190	+426 +390
355	400	−400 −760	−210 −350	−62 −119	−62 −151	−18 −54	−18 −75	0 −36	0 −57	0 −89	0 −140	0 −360	+40 +4	+61 +4	+73 +37	+98 +62	+244 +208	+471 +435
400	450	−440 −840	−230 −385	−68 −131	−68 −165	−20 −60	−20 −83	0 −40	0 −63	0 −97	0 −155	0 −400	+45 +5	+68 +5	+80 +40	+108 +68	+272 +232	+530 +490
450	500	−480 −880	−230 −385	−68 −131	−68 −165	−20 −60	−20 −83	0 −40	0 −63	0 −97	0 −155	0 −400	+45 +5	+68 +5	+80 +40	+108 +68	+292 +252	+580 +540

附表15　优先配合中孔的极限偏差（GB/T 1800.4—1999）

基本尺寸/mm 大于	至	C 11	D 9	F 8	G 7	H 7	H 8	H 9	H 11	K 7	N 7	P 7	S 7	U 7
—	3	+120 / +60	+45 / +20	+20 / +6	+12 / +2	+10 / 0	+14 / 0	+25 / 0	+60 / 0	0 / −10	−4 / −14	−6 / −16	−14 / −24	−18 / −28
3	6	+145 / +70	+60 / +30	+28 / +10	+16 / +4	+12 / 0	+18 / 0	+30 / 0	+75 / 0	+3 / −9	−4 / −16	−8 / −20	−15 / −27	−19 / −31
6	10	+170 / +80	+76 / +40	+35 / +13	+20 / +5	+15 / 0	+22 / 0	+36 / 0	+90 / 0	+5 / −10	−4 / −19	−9 / −24	−17 / −32	−22 / −37
10	14	+205 / +95	+93 / +50	+43 / +16	+24 / +6	+18 / 0	+27 / 0	+43 / 0	+110 / 0	+6 / −12	−5 / −23	−11 / −29	−21 / −39	−26 / −44
14	18	+205 / +95	+93 / +50	+43 / +16	+24 / +6	+18 / 0	+27 / 0	+43 / 0	+110 / 0	+6 / −12	−5 / −23	−11 / −29	−21 / −39	−26 / −44
18	24	+240 / +110	+117 / +65	+53 / +20	+28 / +7	+21 / 0	+33 / 0	+52 / 0	+130 / 0	+6 / −15	−7 / −28	−14 / −35	−27 / −48	−33 / −54
24	30	+240 / +110	+117 / +65	+53 / +20	+28 / +7	+21 / 0	+33 / 0	+52 / 0	+130 / 0	+6 / −15	−7 / −28	−14 / −35	−27 / −48	−40 / −61
30	40	+280 / +120	+142 / +80	+64 / +25	+34 / +9	+25 / 0	+39 / 0	+62 / 0	+160 / 0	+7 / −18	−8 / −33	−17 / −42	−34 / −59	−51 / −76
40	50	+290 / +130	+142 / +80	+64 / +25	+34 / +9	+25 / 0	+39 / 0	+62 / 0	+160 / 0	+7 / −18	−8 / −33	−17 / −42	−34 / −59	−61 / −86
50	65	+330 / +140	+174 / +100	+76 / +30	+40 / +10	+30 / 0	+46 / 0	+74 / 0	+190 / 0	+9 / −21	−9 / −39	−21 / −51	−42 / −72	−76 / −106
65	80	+340 / +150	+174 / +100	+76 / +30	+40 / +10	+30 / 0	+46 / 0	+74 / 0	+190 / 0	+9 / −21	−9 / −39	−21 / −51	−48 / −78	−91 / −121
80	100	+390 / +170	+207 / +120	+90 / +36	+47 / +12	+35 / 0	+54 / 0	+87 / 0	+220 / 0	+10 / −25	−10 / −45	−24 / −59	−58 / −98	−111 / −146
100	120	+400 / +180	+207 / +120	+90 / +36	+47 / +12	+35 / 0	+54 / 0	+87 / 0	+220 / 0	+10 / −25	−10 / −45	−24 / −59	−66 / −101	−131 / −166
120	140	+450 / +200	+245 / +145	+106 / +43	+54 / +14	+40 / 0	+63 / 0	+100 / 0	+250 / 0	+12 / −28	−12 / −52	−28 / −68	−77 / −117	−155 / −195
140	160	+460 / +210	+245 / +145	+106 / +43	+54 / +14	+40 / 0	+63 / 0	+100 / 0	+250 / 0	+12 / −28	−12 / −52	−28 / −68	−85 / −125	−175 / −215
160	180	+480 / +230	+245 / +145	+106 / +43	+54 / +14	+40 / 0	+63 / 0	+100 / 0	+250 / 0	+12 / −28	−12 / −52	−28 / −68	−93 / −133	−195 / −235
180	200	+530 / +240	+285 / +170	+122 / +50	+61 / +15	+46 / 0	+72 / 0	+115 / 0	+290 / 0	+13 / −33	−14 / −60	−33 / −79	−105 / −151	−219 / −265
200	225	+550 / +260	+285 / +170	+122 / +50	+61 / +15	+46 / 0	+72 / 0	+115 / 0	+290 / 0	+13 / −33	−14 / −60	−33 / −79	−113 / −159	−241 / −287
225	250	+570 / +280	+285 / +170	+122 / +50	+61 / +15	+46 / 0	+72 / 0	+115 / 0	+290 / 0	+13 / −33	−14 / −60	−33 / −79	−123 / −169	−267 / −313
250	280	+620 / +300	+320 / +190	+137 / +56	+69 / +17	+52 / 0	+81 / 0	+130 / 0	+320 / 0	+16 / −36	−14 / −66	−36 / −88	−138 / −190	−295 / −347
280	315	+650 / +330	+320 / +190	+137 / +56	+69 / +17	+52 / 0	+81 / 0	+130 / 0	+320 / 0	+16 / −36	−14 / −66	−36 / −88	−150 / −202	−330 / −382
315	355	+720 / +360	+350 / +210	+151 / +62	+75 / +18	+57 / 0	+89 / 0	+140 / 0	+360 / 0	+17 / −40	−16 / −73	−41 / −98	−169 / −226	−369 / −426
355	400	+760 / +400	+350 / +210	+151 / +62	+75 / +18	+57 / 0	+89 / 0	+140 / 0	+360 / 0	+17 / −40	−16 / −73	−41 / −98	−187 / −244	−414 / −471
400	450	+840 / +440	+385 / +230	+165 / +68	+83 / +20	+63 / 0	+97 / 0	+155 / 0	+400 / 0	+18 / −45	−17 / −80	−45 / −108	−209 / −272	−467 / −530
450	500	+880 / +480	+385 / +230	+165 / +68	+83 / +20	+63 / 0	+97 / 0	+155 / 0	+400 / 0	+18 / −45	−17 / −80	−45 / −108	−229 / −292	−517 / −580

参考文献

［1］同济大学,上海交通大学等院校.机械制图.北京:高等教育出版社,1997

［2］贾朝政.工程制图与计算机绘图.重庆:重庆大学出版社,2001

［3］邹宜侯,窦墨林.机械制图.北京:清华大学出版社,2001

［4］中国纺织大学工程图学教研室等.画法几何及工程制图.上海:上海科学技术出版社,1997

［5］陈敏.机械制图.成都:四川科学技术出版社,2003

［6］王成刚,张右林,赵奇平.工程图学简明教程.武汉:武汉理工大学出版社,2002

［7］刘小年,刘庆国.工程制图.北京:高等教育出版社,2004

［8］何斌,陈锦昌,陈炽坤.建筑制图.北京:高等教育出版社,2001

［9］陈敏,刘晓叙.AutoCAD 2004 机械设计绘图应用教程.成都:西南交通大学出版社,2005